U0363801

书中部分彩色图

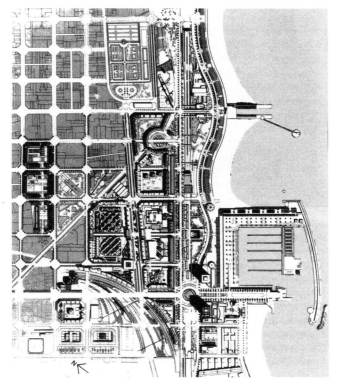

图 3.1 奥运村平面图，可以看到右边是新的港口、码头和沙滩，中间部分设计为带有庭院的围合式住房，二者之间有许多公园和公共空间。
来源:《建筑实录》杂志

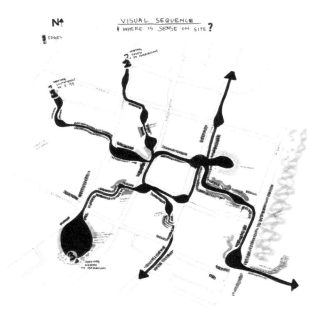

图 3.15 一位学生在汇报其对场所的考察和分析时，用了一系列视觉形态（如一目了然的空间、容易记忆的城市形式、可识别的特性）来展示场所感。
来源: 汉纳·克里利（Hannah Creeley）

图 3.16 彼此独立的团队成员做了长时间的讨论，图上既可以看到他们设计场地时的优先顺序，也能发现他们在一条公共通道的设计上有过争论。
来源：汉纳•克里利、凯瑟琳•达菲（Catherine Duffy）、布莱尔•汉弗莱斯（Blair Humphreys）、萨拉•斯奈德（Sarah Snider）、萨拉•泽韦德（Sara Zewde）、凯瑟琳•齐根福斯（Kathleen Ziegenfuss）

ACTIVITY MAP

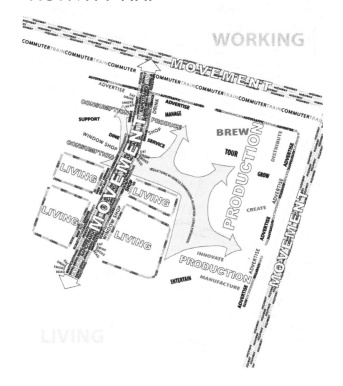

图 3.17 该项目的长远设计策略，并没有采用常规和固定的用地分类（如住宅、办公或产业用地），而是针对不同的活动（如居住、工作、游戏、生产、移动）进行了细分，而且这些活动也会随着时间推移而演化。
来源：汉纳•克里利、凯瑟琳•达菲、布莱尔•汉弗莱斯、萨拉•斯奈德、萨拉•泽韦德、凯瑟琳•齐根福斯

图 3.18 前《波士顿先驱报》印刷厂被改建为一处小型酿酒厂和一个城市生态研究园，其中的生态园借助绿道、生态洼地、水渠、暴雨储水池等设施，一直延伸到了整个规划场地的其余部分。
来源：凯瑟琳·齐根福斯

活动图　　　　　　　　　　　　　　　　　　尺度图

图 3.19 即兴喜剧 / 城市主义过程的设计结果包括假设一系列"什么……如果？"场景，这些场景创造性地结合了未来的活动、形式和空间，丰富了社区形态，让人们更有活力和能动性。
来源：汉纳·克里利、凯瑟琳·达菲、布莱尔·汉弗莱斯、萨拉·斯奈德、萨拉·泽韦德、凯瑟琳·齐根福斯

图 4.1 当 1977 年项目竣工时，蓬皮杜中心的建筑展现出了它极大的革新性。它有着玻璃立面和钢结构外观、灵活多变的室内空间，连自动扶梯、升降梯、排气管道和水管等各种设施也都被转移到了建筑外部。
来源：阿西姆·伊纳姆

图 4.3 从街道一侧望去，尽管蓬皮杜中心同样沿着街缘，高度也与周围建筑差不多，但是它以色彩区分功能的管道仍然令整座建筑极具存在感。
来源：阿西姆·伊纳姆

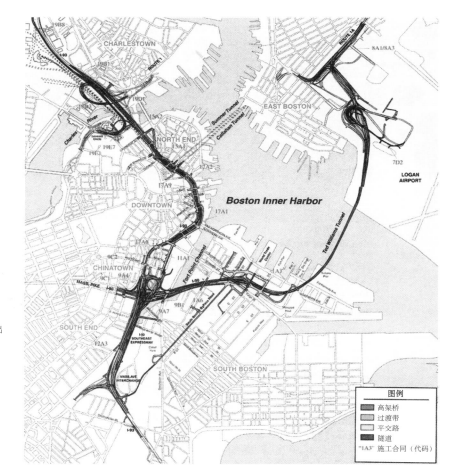

图 4.18 地图上显示出大开挖的主要组成，蓝色的是隧道，包括中间一段通往机场的、在波士顿湾底下的特德·威廉斯隧道。地图左上方跨过查尔斯河的绿色部分，是扎金大桥。
来源：马萨诸塞州交通局

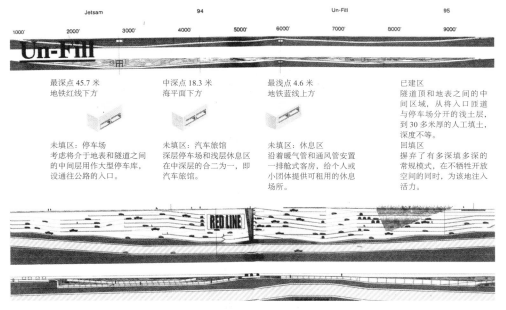

图 4.24 Un-Fill 项目的剖面图，可以看到在地表与隧道之间的土地是如何被用于停车的。
来源：尹美真和梅雷迪斯·米勒（Meredith Miller）

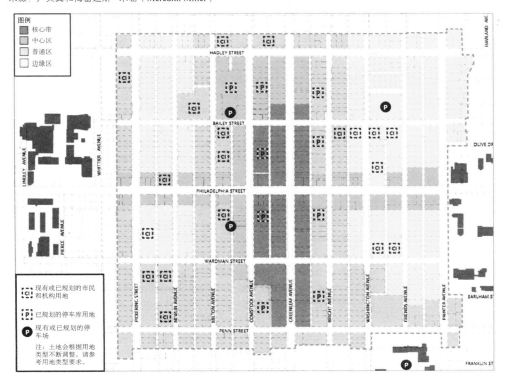

图 5.1 惠蒂尔上城调整方案给出了总体设计框架，在未来数十年内，越来越多的增长和其他改变都会在此框架内发生。
来源：莫尔和波利佐伊迪斯建筑与城市研究事务所

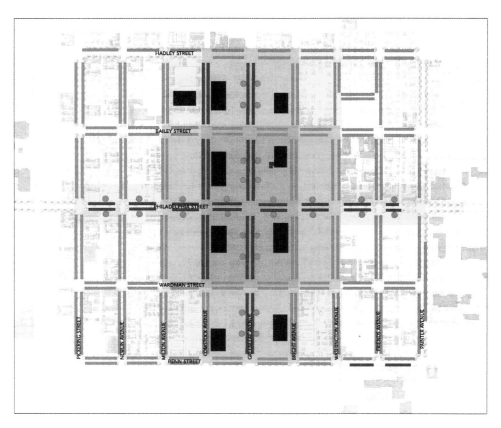

收费档位	沿街	背街	车位总数
高档	618	1185	1803
中档	450	1047	2009
低档	1271	313	763
免费	3281	—	1251
车位总数	3281	2545	5826

注：数字不包括私人住宅区内的车位。

高收费停车区

中收费停车区

低收费停车区

停车库

纵列式街道停车

斜列式街道停车

停车计费器

图 5.4 停车策略图显示出街道边和远离街道的设施，围绕中心的深色区域代表在邻近零售业核心地段较高的计费和较短的停车时长，浅色的区域代表较低的计费和较长的停车时长。点代表着路边停车的太阳能电子计费机器的设置点。
来源：莫尔和波利伊佐伊迪斯建筑与城市研究事务所

图 5.5 liner 大楼和停车标准提供了策略参数，借此 "一停" 停车场可以适应惠蒂尔上城目前的城市肌理。
来源：莫尔和波利佐伊迪斯建筑与城市研究事务所

图 5.8 这张地图反映了 1994—2008 年在贝洛奥里藏特市各地开展的近 1200 个参与式预算项目，包括在塞拉聚落这样的贫民窟内的项目。
来源：贝洛奥里藏特市政厅

图例

▢ 区域界线
▨ 贫民窟和危房区
▦ 潘普利亚湖
▥ 植被区

● 1994 年到 2008 年已完成 948 个参与式预算项目（至 2008 年 10 月 30 日）
● 1994 年到 2008 年仍有 216 个仍在进行的参与式预算项目（至 2008 年 10 月 30 日）
● 1 个已完成的数字化参与式预算项目
● 8 个进行中的数字化参与式预算项目

注意：东北地区采用数字化参与式预算的项目因地址更换，现已划入东部地区。

地图库：PRODABEL/
URBLE
来源：SMAPL - SARMU
-SUDECAP - URBLE
渲染：SMAPL/GEOP
GEMOOP/GIND - 2008

来源：SMAPL/GEOP/GEMOOP

图 5.14 2006 年的调查地图显示，6000 条低成本排水管道一条接一条地铺设在小巷中，大范围的管道网络将奥兰吉的约 10 万间房屋连接了起来。

来源：奥兰吉试点项目研究与培训中心

"十二五"国家重点图书出版规划项目

湖北省学术著作出版专项资金资助项目

世界城镇化建设理论与技术译丛

丛书主编 彭一刚 郑时龄

Designing Urban Transformation
Aseem Inam

城市转型设计

[美] 阿西姆·伊纳姆 编著

盛洋 译

华中科技大学出版社

http://www.hustp.com

中国·武汉

图书在版编目（CIP）数据

城市转型设计／［美］伊纳姆 编著；盛洋 译.
—武汉：华中科技大学出版社，2016.6
（世界城镇化建设理论与技术译丛）
ISBN 978-7-5680-1682-7

Ⅰ.① 城… Ⅱ.① 伊…② 盛… Ⅲ.① 城市规划－建筑设计－研究 Ⅳ.① TU984

中国版本图书馆CIP数据核字（2016）第073697号

世界城镇化建设理论与技术译丛

城市转型设计
CHENGSHI ZHUANXING SHEJI

［美］阿西姆·伊纳姆 编著
盛洋 译

出版发行：华中科技大学出版社（中国·武汉）
地　　址：武汉市珞喻路1037号（邮编：430074）
出 版 人：阮海洪

丛书策划：姜新祺　　　　　　　　　　　　　　责任编辑：赵　萌
丛书统筹：刘锦东　　　　　　　　　　　　　　版式设计：赵　娜
策划编辑：张淑梅　　　　　　　　　　　　　　责任监印：秦　英

印　　刷：北京佳信达欣艺术印刷有限公司
开　　本：787 mm×996 mm　1/16
印　　张：10.5
字　　数：225千字
版　　次：2016年6月 第1版 第1次印刷
定　　价：58.00 元

投稿邮箱：zhangsm@hustp.com
本书若有印装质量问题，请向出版社营销中心调换
全国免费服务热线：400-6679-118 竭诚为您服务
版权所有　侵权必究

前　言 | Preface

《城市转型设计》中的观点在我脑海中已经翻来覆去很多年了。我不断地挑战、检验这些观点，并在写作过程中加以提炼。但我相信即便在这本书出版之后，这些观点仍会继续发展下去。还在我16岁刚进大学学习建筑的时候，我就质疑设计实践的范围过于狭隘，其强烈程度几乎等同于我对设计的热爱。而作为城市主义领域的终身学习者，无论是在课堂或工作室学习、参与正式项目和研究设计策略、开展实验性教学、严格分析理论和经验、在自己所在的城市感受最直接的体验，还是走访世界各城，我始终都对自己的想法进行头脑风暴和反复检验。这些不同角度的城市调研，不断地相互交织、丰富彼此。

本书所聚焦的，并不是如何才能让城市变得更好一些，也没有想要记录那些所谓的"最佳范例"并将之立为标杆，更不会放言某种单一的方式——譬如对可持续和技术的关注——能够挽救我们的城市。这里只是下了一个看似简单却意义深远的元论调（meta-argument）：我们对城市的态度，必然会影响我们设计城市的方式。不要指望在边缘敲敲打打就能实现城市最根本的转变，我们必须彻底反思城市主义的过程、方式与结果。看到这里，有些读者或许会以为本书将是通篇的理论分析甚至是辩驳；实则不然，书中一方面在实用主义哲学的启发下构建了新的思维框架，以彻底重新思考，另一方面引用十个城市干预的案例来证明，新的方式在各种情况下都行得通——尽管形式不同，但都产生了令人印象极其深刻的结果。

本书是严谨的项目研究的成果。我首先全面思考了当前对城市主义的理解和实践，并提出了明确的批判。之后借助对各种已有案例的详细阐述，我论证了概念迁移对城市改造的作用。本书主要讨论的是两种实践，其一是我所定义的城市主义的实践，其二便是大多数人眼中意义狭隘的城市设计实践。常规意义上的教学和城市主义实践倾向于强调，城市设计就是创造三维世界中能够被数据化的对象，如建筑群、开放空间、社区、新市镇、基础设施。而我在书中阐发的三种概念迁移——城市作为流体、设计的结果、城市主义作为政治创新手段——之所以显得重要，是因为它们能够带来批判性的实践和城市转型。

不过，我也是在经过广泛而专业的实践之后，才开始理解这些概念性的观点与实用主义哲学。在拿到博士学位之前，实用主义哲学就令我意识到，真正的城市主义实践，远比我从学校任何一门课程或是城市主义理论家发表的任何言论中所了解到的，来得更为混乱与复杂。正如我在书中所论证的，在进行专业项目（如惠蒂尔上城特别规划）、教学尝试（如MIT实验设计工作室）、学术研究与写作时，我都反复检验这一受到实用主义启发而来的想法。最终，对世界各地真实案例的研究和实用主义引发的对概念的思考共同孕育出了这本书。这二者的结合实现了两点：它强调了衍生于实用主义哲学的基本概念框架的重要性，因为在进行转型设计时，这一框架能够促使人们重新思考城市主义；它还展现了在历史、地理、政治等背景截然不同的城市环境中，这些概念迁移如何发挥作用。

书中所列举的案例皆经过了慎重选择，它们在今后研究与实践中扮演的角色也被考虑其中。读者应始终记住，每个案例研究——就这一点来说应是书中的任何案例研究——都有某种意义上的缺陷。但我们的重点不在于呈现完美的案例，而在于用案例补充大量细节，辅助阐明概念，证明每个概念在实践中都可以有不同的呈现方式，并为未来的实践和项目提供有用的思考——这也是我在每个章节末尾，以及结论中写到的内容。所有的案例分析都相对简要，毕竟它们只是用来表现概念在实际项目中的不同形式。举个例子，书中对巴塞罗那奥运村的分析侧重于突显项目"城市作为流体"这一面，但当然也可以从其他角度进行分析，展示其他方面（如景观城市主义、政治决策、基础设施投资的推动或经济影响）。"城市作为流体"这一章还包含另外两个案例研究——开罗与波士顿——用来描述这个概念在实际作用时的不同可能与结果。本书对案例的编排能够让读者掌握丰富的关键信息，看到每一个案例如何表现书中提出的概念迁移，获得对未来城市实践的真知灼见。

另外，图像的使用也是经过深思熟虑的，这很重要，因为读者可以由此看到每个项目真实的一面。书中特意选用了照片而非图画，这是为了强调应把关注重点从项目的想法与意图（如通过图纸、模型、计算机渲染呈现的那些）转移到设计的结果与影响（如完全建成并投入使用的项目）。摄影照片，尤其是画面中有人物的那些，传达出这样的观点：要想准确评估项目的质量、优缺点，以及城市主义在其中的意义，只有等到它被完全建成、投入使用和从四个维度（包括时间的维度）体验过以后，方能实现。如今有太多杂志、图书甚至奖项（如美国建筑师协会的国家城市设计奖）仅凭一些假想中的存在就来讨论带有城市主义性质的方案的意义，但这些主要基于渲染、图纸、平面图的分析未免显得过于肤浅了。如此一来，他们不仅认识不到实施过程中的混乱与复杂，也难以看到更加重要的后续影响。

那么，我又对这本书抱着怎样的期待呢？那些与我所谓的"城市-设计-建造"过程（短横线意味着连续不间断的演变）有着最直接关联的传统领域，例如城市设计、建筑学、景观建筑学甚至城市规划，都涉及 21 世纪最重要的任务之一：要想象明日城市，需始于明日清晨。这些领域的从业者常常身怀数门绝技：天生的创造力、富有远见、善于跨学科、以行动为导向。然而，一旦要真正塑造城市，给居住其中的人们带来真正的改变，他们却是最不起作用的一群人。这源于他们对形式与空间的执着，源于他们对真正塑造城市的更深层次的政治、经济结构的无视。通过这本书，我希望这些与城市建设相关的专业人士能更批判地介入这些权力结构，只有这样，他们才能给城市带来真正的影响。我同样希望借此给积极分子、城市学者、艺术家、社会科学家、决策者及相关市民提供更宽广的视角，来看待设计与城市主义，使他们意识到自己也能以创新的、有远见的、跨学科的和极具变革性的方式，在反思不同概念之后，利用书中提到的设计策略，参与城市的建设。

最后，我要万分感谢那些对本书亦有所贡献的人。麻省理工学院城市研究与规划前负责人拉里·

韦尔（Larry Vale）教授，以及帕森斯设计学院设计策略前主任米奥德拉格·米特拉斯诺威客（Miodrag Mitrasinovic），他们预见到这一研究的价值并在很多方面给予我支持。迪派克·巴尔（Deepak Bahl）、托尼·佩雷斯（Tony Perez）、康斯坦蒂娜·索雷利（Konstantina Soureli）、戴维·撒切尔（David Thacher）和阿什瓦尼·瓦斯特（Ashwani Vasishth）给了我许多关于概念迁移的有价值的反馈与鼓励。许多人在案例研究中为我慷慨解囊：弗拉维奥·阿戈斯蒂尼（Flavio Agostini）、贾森·克莱普尔（Jason Claypool）、苏雷哈·戈盖尔（Surekha Ghogale）、阿里夫·哈桑（Arif Hasan）、费尔南多·拉勒（Fernando Lara）、马基·麦克布雷耶（Markie McBrayer）、朱尼亚·内夫斯·诺盖拉（Junia Naves Nogueira）、马西奥·贝科·吉布兰·席尔瓦（Marcio Bacho Gibram Silva）、马厄（Maher）和莱拉·埃尔马斯里·斯蒂诺（Laila ElMasry Stino）。我在帕森斯设计学院还很幸运地拥有几位出色的研究助理：千南奎（Namkyu Chun）、马修·德尔塞斯托（Matthew DelSesto）、阿曼达·拉斯尼克（Amanda Lasnik）、玛吉·奥罗夫（Maggie Ollove）、格雷斯·塔托（Grace Tuttle）。特别值得一提的是我的好朋友，同时也是一位实践中的城市主义者，维纳亚克·巴恩（Vinayak Bharne），不停地鼓励我、花数小时与我争辩或讨论，令我获益匪浅。对于劳特利奇出版社（Routledge Publishing），我感到能与这样一支全力给予我支持的团队合作十分幸运，尤其是策划编辑妮科尔·索拉诺（Nicole Solano）、高级编辑助理弗里茨·布兰特利（Fritz Brantley）、高级发行人亚历克斯·霍林斯沃思（Alex Hollingsworth）。

　　本书谨献给我最爱的始终支持我的家人：父亲伊纳姆·拉曼（Inam Rahman）、母亲米拉·拉曼（Mira Rahman）、哥哥阿马尔·伊纳姆（Amar Inam）和弟弟阿伦·伊纳姆（Arun Inam）。我之所以是我，正是因为有他们从未动摇的爱，以及对我坚定信念的信任。

　　　　　　　　　　　　　　　　　　　　　　　　　　　　　　　阿西姆·伊纳姆
　　　　　　　　　　　　　　　　　　　　　　　　　　　　　　　2013 年 4 月 8 日
　　　　　　　　　　　　　　　　　　　　　　　　　　　　　　　纽约市

目　录 | Contents

第一章　城市主义可以是什么?

语言的力量

《城市转型设计》所讨论的,是城市设计在彻底改善城市方面的惊人潜力。书中我刻意使用"城市主义"(urbanism)这个词而非"城市设计"(urban design),是因为在教学与实践中,常规的城市设计被大幅窄化为大尺度的建筑设计,设计者更多地关注美学和三维空间的对象,严重忽视了真正塑造城市的深层结构与动力。为了使城市主义发挥更大的作用,本书从思考和实践两个角度提出了几种不同的迁移,语言的力量就是我们第一个要谈到的。

关于本书使用的一些词,我给出如下定义。

(1)城市:大都会区或已实现城镇化的区域,如"城市将仍然是人群、活动、结构及其内在关联的汇集地"。

(2)物质城市:城市的建成环境与物理形式,如"物质与非物质的关联之下暗藏着城市变革的可能性"。

(3)城市主义:城市 - 设计 - 建造过程及其空间产物,如"城市主义不仅关乎对系统和结构的设计,同样关乎对社会和政治赋权的设计,二者分量不相上下"。

(4)城市主义者:在日常生活中积极参与城市设计与建造的、富有创新精神的实践者,包括但不限于常规意义上的专家,如城市设计师、城市规划师、建筑师、景观建筑师。例如,"城市主义者投身于城市建设的各种实践中"。

(5)转型:意义深远的良性改变,如"城市主义的根本任务是实现城市转型"。

因此,从设计与实践的角度,我将城市主义定义为持续的城市 - 设计 - 建造过程及其空间产物。

本章作为引子,一个重要目的就是对城市主义做一些批判性分析,包括回顾近年来在思想和实践两方面都产生影响的主要论著。这一章将广泛引述文献,来概述几种主要的思考方式;但我并不会面面俱到[1],而是从最近有影响力的作品中摘取部分,分析当代城市主义的主流论点。在此基础上,我试图提出一个理论扎实、面向未来且完全不同于前人的问题:"城市主义可以是什么?"这也是我在多年的反省性实践、质疑性研究、实验性教学中不断思索的问题[2]。"城市设计是什么"聚焦于现在,它更强调城市设计的现状,尽管这种现状受到自身狭隘定义的限制,总是毫无异议地接纳与城市设计、

注:本书所有注释请详见第六章之后"注释"专题。

建设相关的各种理念。"城市主义可以是什么"则基于我对实际情况的反思，这里面问题更多，但变革的可能性也更大，这是因为这个提问能一头扎进这个陌生之地，向前人的基础假说发起挑战。我之所以在开篇讨论语言的力量，并且提出语言含义的迁移，就是为了用一种更为复杂也更有说服力的方式来更好地理解城市，理解它持续不断的设计 - 建造过程、空间产物及影响。

这种使用语言的方式继而带来了思想的重要转变：对于某些相对狭隘、空泛，也无效（我之后会论述）的概念，不再仅在边边角角处做一些微调。21 世纪城市面对的挑战和危机需要我们更加全力以赴，来挖掘城市主义在设计和建造城市方面更多的可能性。纵览全书，你将会看到，"设计"这个词有着更广（如包括对过程、政策、机构的设计）更深（如设身处地考虑背景环境和城市影响）的含义。在深入阐明这些观点之前，我先给出一个论述框架，简单描绘一下目前城市的处境、重要性、现有理论与实践。

城市主义为何关键

尽管城市主义者与学者们很清楚城市的重要性，但这里还是有必要再探讨一番。从经济角度来看，百分之六十的全球生产总值将快速聚集在 600 座城市中，成为推动全球经济的重要力量[3]。从人口角度来看，全世界的城市人口占半数之多，而像在阿根廷、沙特阿拉伯、英国这些多元文化国家，有百分之八十的人口居住在城市，还有数百万人期待能在非洲、亚洲、拉丁美洲那些最大且发展最快的城市生活。预计到 2030 年，城市人口将接近 50 亿，而农村人口则会持续减少。事实上在未来几十年内，发展中地区的城市发展将以前所未有的速度与规模展开，挑战自然也随之而来[4]。

到 2020 年，最大的五座城市将会是东京（3700 万人）、孟买（2600 万人）、新德里（2600 万人）、达卡（2200 万人）和墨西哥城（2200 万人）[5]。这些拥有空前规模的城市也将迎来挑战：怎样为如此多而密集的人口设计、管理住宅和各类基础设施？除了规模极度膨胀以外，城市化也在快速推进，这在较小的城市也是一样。从 2006 年到 2020 年，发展最快的五座城市将是中国北海（年增长率 11%）、印度加济阿巴德（5%）、也门萨那（5%）、印度苏拉特（5%）、阿富汗喀布尔（5%）[6]。对城市主义者而言，这些趋势意味着巨大的挑战与全新的机遇。

关于城市主义的关键性，这里有一个同样具有说服力，不过更加微妙的论断。城市之所以重要，是因为它是人们日常生活直接接触的物质现实的核心，人们通过城市产物的象征意义来构建他们眼中的社会。即便理论家们认为城市已越来越多地受制于不断扩张且形态模糊的空间，但居民们仍然将"这个处于全球语境下的互联的城市空间视为他们本土生活的全部，它充满着丰富的特定经验、实践、想象和记忆"[7]。在这些经验中，物质城市可以反映出等级与文化的差异，展现社会秩序中的国家与刺激消费政策下的私人部门（private sector）二者的利益[8]。

此外，物质城市不仅是一面诚实的镜子或一个中性容器，还是一段持续的过程，是社会性与空间性的对立统一[9]。人们利用这种辩证关系创造并修正城市空间，而自己也会受到所生活、工作、参观的空间的影响。随着城市的产生与再建，居民的行为态度会因其生活的环境、周围其他人群的评价和行为态度而发生改变。与此同时，持续的城市化进程与转型形成了一个不断变化的局面，经济、政治、社会与这些城市空间在其中彼此作用。如此一来，物质城市既是已建构的，又是在建构中的。

　　物质城市不仅反映社会的基础结构，而且是这些结构得以持续合法存在的手段之一。从根本上来说，城市干预在何种程度上受到重视、如何分配稀有资源、城市主义者如何设计城市等，都反映了执政者的价值观与选择标准。换言之，权力设计城市[10]。在物质城市中一种最明目张胆的权力形式就是对土地的控制，例如单一个体（如政府或私人开发商）肆意地持有、设计、开发土地。此外，物质城市还包括了各种精细的运作机制和权力表现形式，例如哪些区域能够获得更多关注和资源而哪些区域不能，也就是决策的外在体现。因此，城市不仅干预市民的日常生活，也再现权力结构。

概念迁移：从城市设计到城市主义

　　到底什么是城市设计？这个问题早已被问过无数遍，许多人也仍试图给出答案。尽管如此，我却认为提出这样的问题并没有太大意义。首先，这个问题的关注点只是基于现状的狭隘定义。这种"什么是……"结构的问题显示出人们对当前思考方式的满足。以城市设计为例，满足于精确而专业的定义不过证明了眼界之有限。其次，城市设计这个词还背着我在本章开头就提到的那些包袱。具体来说，一个包袱是所谓1953年哈佛大学设计研究院主任乔斯·路易斯·塞特（Jose Lluis Sert）在一系列会议后正式提出并发展了这门学科[11]的说法，该说法还得到了普遍认可。但它存在两个问题[12]。其一是塞特所命名的，实际上只是第二次世界大战后建筑设计与资本主义发展的某种特定形式。其二也是更发人深省的问题，即城市设计的传统有上千年之久，甚至早在一些欧美城市诞生之前就已存在，没人能够声称自己是首创者。城市设计这个词的另一个包袱在于，很长时间里多是建筑师与建筑理论在使用这个词，而他们本质上讨论的是三维形式，所以不管是什么样的挑战（如无家可归现象、灾后重建、净水资源匮乏），最终都常通过三维空间的对象来解决（如流浪者庇护所、模块化预制房、净水厂等）。尽管物质城市确实是我们生活着的世界的一大组成部分，但对三维对象的高度重视往往也忽略了其他手段，例如公共政策、资源管理、社区动员或其他一些更加民主的权力结构，而真正改善城市所需的深层结构的改变，很可能正是从中而来。

　　还有一些对常规城市设计的理解，我在本书中也指出了其中的问题，并进行了扩展和深化，取而代之以最近出现的"城市主义"领域（我在本章开头也对此下了定义）。但要说"城市主义"，至今也存在着许多不同的认知，包括从形态学角度的定义、对缺省对象的关注、公共领域的保留、类型清单、各类知识体系的集合、某个研究领域、多种实践模式、理解和建设城市的模型、类似于最佳范例"如何做"的具体方法等。下面我对这九种认知进行一番简要描述。

城市主义的形态学定义主要基于该领域的结构，使用的描述词语也常常来自其他领域。这种形态学包括了对建筑学、景观建筑学、城市规划的整合，或是作为一道连接不同专业的桥梁："城市设计介于规划学与建筑学之间，它对城市进行大尺度的组织和设计，包括建筑集成和排列的方式与建筑之间的空间处理，但不包括设计单体建筑。"[13] 其他定义与此相似，只是不仅包括了规划学与建筑学，还加入了公共政策："城市设计是介于规划学与建筑学之间的学科，通过综合性方案令政策有了三维的、物理的呈现形式。它侧重于公共领域的设计，这种公共领域包括公共空间和具有同类功能的建筑。"[14] 然而这些认知方式必须面对两方面的挑战：首先，要借助其他领域的词汇来描述一个领域，却对前者本质缺乏较为深入的检验与理解；其次，这种认知将该领域视为某种桥梁，而不是追问其自身的存在意义。因此，类似于"城市主义有什么用"这种能够挖掘出更多可能的目的论式的问题愈发流行，逐渐取代了从形态学角度提出的"城市主义包括了哪些领域"。

第二种较为普遍的对城市主义与物质城市的认知，聚焦在缺失的城市常规指标上，而非出于长远的考量。换言之，认为"衍生出一个新领域是因为存在其他专家和非专业人士没有指出却本应该被指出的问题"[15]。如果说典型的形态学定义方式意味着不同领域的叠加或整合，那么这种缺省思维就是填补不同领域之间的空隙。然而这种观点，正是将城市主义放在一个较弱的位置上，把展望城市未来的责任推到了其余众多领域和利益相关者的身上。

第三种认知与前一种有所关联，但截然不同，它侧重于对公共领域的关注，即借用丹尼斯·斯科特·布朗（Denise Scott Brown）的话来说："从物理角度看待公共领域，我们可以将公共领域简单视为（街道和公共运输）交通地图上呈现的一切元素，以及城市土地利用图内所有蓝色部分（机构组织）与绿色部分（即公共空间）。"[16] 不过即使这样来看，还是存在理解公共领域时的微妙差异，毕竟所有的建筑都有一部分公共性，如博物馆的大厅。而即便都属于公共领域，仍然需要进行区分，譬如针对机构、历史古迹、购物商场和海滩等公共场所，所做的设计必然有所不同。虽然出发点是好的，但这样的思考角度仍显得过于简单与肤浅，因为设计者们忽视或误解了公共领域中最重要的法律与金融的一面。

公共领域，尤其是公共空间，事实上与控制力息息相关，而这通常涉及法律手段与警备力。固然我们可以在美国看到一些设计得很好的、由私营企业管理的公共空间，如曼哈顿的许多广场；但在世界各地还有大量不同的例子，包括 2011 年阿拉伯世界一些国家的动乱时期解放广场上举办的活动[17]。正如这些例子所展现的，

> （城市主义者）主要关注的是公共领域这个概念，以及实际操作中如何建构这一概念。在这样的空间，有用价值占主导地位，人们的日常生活由自己做主。不过从资本积累的角度来看，这些所谓的公共领域正是绊脚石，因为这些以社交为目的的空间原本可以被更好地用于经济发展……所以从本质上来说，公共领域可以被视为一处冲突空间，它既是公民社会力争保留的城市重要组成部分，又是依靠土地开发的资本积累过程中的一道障碍。[18]

相对于对公共空间的聚焦，城市主义对公共领域的适度关注有着更广阔的前景，这将超越空间和场所的物质性，进入能够真正塑造城市的权力结构和决策过程。

学者和实践者考虑城市的快速改变与持续复杂化，提出另一种描述城市主义的方式：制作一份城市主义类型清单，并列出城市主义者的行动领域。2011 年，宾夕法尼亚大学城市设计课程主任，同时也是一位著名的城市实践者，乔纳森·巴奈特（Jonathan Barnett），在《规划》（Planning）杂志上发表了一篇文章《关于最新 60 种城市主义的简明指南》（A Short Guide to Sixty of the Newest Urbanisms）。巴奈特是具有先锋意义的纽约城市设计小组（Urban Design Group in New York）的负责人，出版过许多论著，话题涉及断裂的大都会、规划新世纪、城市场所灾后重建等，也曾在美国、柬埔寨、中国参与项目。因此，巴奈特不仅本身是一位在城市主义领域具有广泛影响力的人物，更可以充当这一领域变化趋势与波动的晴雨表。

巴奈特的这篇文章描述了 60 种各不相同但普遍存在的城市主义。对于这份长长的清单，他几乎每一个都做了简短的介绍，例如生态城市主义、景观城市主义、新城市主义、策略城市主义、基础设施城市主义、非正式城市主义和次城市主义。在此之后，其他人也认为这应该多少算是理解这一领域较为合适的一种方式，便也继续为之补充类型，如慢城市主义和整体城市主义。举个例子，巴奈特写道：

> 涌现城市主义（Emergent Urbanism）是对城市形式的发展遵循某种规则体系的预估，即在此基础上，表面看来独立行动者都是为了个人目的而执行任务，但最终如同蜂巢或蚁群，参与者的行动汇聚成了某个整体。《模拟城市》，这款由威尔·赖特（Will Wright）开发的电脑游戏，正是一个简化版的涌现型城市。游戏的规则体系与规划师熟悉的框架非常相似，可以分别对应到用地分区、土地细分、资本预算。[19]

然而，所有城市都有某种正式（如书面法规）与非正式（如社会常识）的规则体系，即便是伊斯兰城市那样古老的城市也不例外[20]。事实上，所有城市都需要更大的机制来调整城市主义的标准，并保证物质城市的设计能维持一定水准。因此，涌现城市主义在很大程度上类似于新城市主义（New Urbanism）和其他所有试图给城市带来系统性影响的城市主义。另外，这种认知方式也表明，这个领域正逐渐走向分裂，尽管这有助于推动城市主义的专业化，却离实际不断变化的城市进程与那些无法被简单归类的结果越来越远。

亚历克斯·克里格（Alex Krieger），哈佛大学城市设计课程前负责人，也是 Chan Krieger Sieniewicz（一家位于马萨诸塞州剑桥市的曾获殊荣的建筑与城市主义公司）创始人之一，对城市主义的定义与巴奈特的比较相似。克里格曾出版过几部著作，如《市镇与市镇规划原则》（Towns and Town Planning Principles）、《城镇设计入门》（A Design Primer for Towns and Cities），有许多颇具影响力的头衔，包括城市设计市长研究院负责人、波士顿城市设计委员会成员。因此，在城市主义的教学与实践方面，他也是一位有影响力的人物。针对最近出版的各种关于城市设计的书中所提到的城市主义者的行动，克里格列出了十个不同的方面：连接规划学与建筑学的桥梁、一种基于形式的公共政策、城市建筑学、城市设计作为复原城市主义、城市设计作为一种场所营造艺术、城市设计作为智慧增长、城市基础设施、城市设计作为景观城市主义、城市设计作为理想城市主义、城市主义作为社区宣导[21]。克里格像巴奈特一样，在给出这一清单时并未加入过多评判，并且表示如有其他行动也可补入其中。这种清单式的城市主义认知的问题在于，它几乎设想了每种情形（如非正式住所）和每个挑战（如基础设施老化），本身就是一种全新的城市主义。

想要清晰地罗列出城市主义的各种类型，还得花一番功夫去全面标注不同的知识体系，这就引出了一个关键问题：城市主义者需要了解什么？学者安妮·穆顿（Anne Moudon）率先提出，引入一个结构清晰的研究和实践框架，来描绘作为多个知识体系交集点的城市主义的惊人的涵盖范围[22]。她表示这一框架"包罗万象"，它不仅源于丰富的学科领域——历史学、社会学、心理学、人类学、地理学、建筑学、景观建筑学、城市规划，还有广泛的方法论（如历史分析、通过摄影直接观察人类行为、数据定量分析）作支撑。她描述了城市主义中的两种知识：实质性或描述性知识（如了解城市或部分城市是什么），以及标准性或规范性知识（如强调某事物应该是什么）。为了让人们快速了解与城市形成、使用、理解相关的已有观点，同时又有重点地展现这一知识体系的发展路径，她整理出了九大领域的研究：城市历史研究、景观研究、印象研究、环境行为研究、场所研究、物质文化研究、象征-形态研究、场所-形态研究和自然-生态研究。不过对于实践者来说，要有目的、有意义地整合这一庞大而多元的知识群并不容易。

还有许多著作（或者说读本）延续了穆顿这种认知方式的本质，对城市主义的经典之作与较新的理论进行编纂汇总。这些读本同样也受到了欢迎，毕竟它们反映出，近年来的城市主义不仅热度急剧上升，它所指代的意义也越来越宽泛。举个例子，《写作城市主义：一份设计读本》（Writing Urbanism: A Design Reader）有三部分内容：城市进程、城市形式、城市社会。每个部分还有细分：譬如说，城市进程包括观察、保护、再利用和可持续，以及社区；城市形式包括日常城市主义、新城市主义、后城市主义；城市社会则分为公共领域、全球主义、本土身份认同和技术[23]。不过这些读本的重点问题是，它们的目的是什么，贡献又是什么。《写作城市主义：一份设计读本》的编辑也承认，书中许多章节摘选自《建筑学教育期刊》与建筑学教育学会（ACSA）的会议记录，涉及的范围和贡献确实有限，这样一来对城市的研究又回到了相对狭隘而过时的建筑学视角上。

《城市设计手册》（Companion to Urban Design）是较新的一部读本，它让人对城市主义的未来更有信心[24]。书中有 50 篇专门约稿的新文章，表现出城市主义新反思的更多可能。这些文章试图提出一些真正批判性的问题，例如：城市主义理论和实践之间还有哪些悬而未决的争论、冲突和矛盾？城市主义要如何应对气候变化、可持续性、积极生活倡导、全球化等当代挑战？在纽约帕森斯设计学院 2011 年的一次公开座谈会上，这些发人深省的文章甚至激起相当多的讨论与争辩。当时，其中一个由这部读本衍生而来的板块"未来城市"聚焦于市民参与、智慧增长、种群景观（ethnoscapes）等话题，引发了一场意义非凡的热烈讨论[25]。不过总体来说，《城市设计手册》所分享的仍集中在"是什么"而非"可以是什么"或"应该是什么"，而后者或许能给城市转型提供更有效的方法。

　　比起较为成熟的领域，例如经济学、政治学等人文社会科学学科或是专业性更强的建筑学、城市规划，城市主义在设计、实践和研究上确实相对不成熟。不过既然作为一种研究领域的城市主义还未发展定型，这对实践者、学者来说反而是个机会，他们能够不断地进行质疑和回顾。《城市设计期刊》（Journal of Urban Design）是重要的城市主义英文学术期刊，坚持发表同行评议的研究报告。在约20 年前的创刊号上，编辑将城市主义赞颂为"重新出现的学科"，只是在描述上仍回到了类似形态学的定义，表示城市主义是"建筑学、市镇规划、景观建筑学、调查、土地开发、环境管理与保护之间的交叉学科"[26]。但无论如何，这一期刊至今已发表许多文章，并且还将逐渐从更多更新的角度推动城市主义发展。最近的文章认为，思考城市主义就必须接受设计的两难本质，接受我们在判断已有方案时阐释性的、政治性的本质，这样城市主义研究才能像社会科学一样，合理地运用艺术、人文领域中的方法和实践[27]。我也在该期刊发表了一篇文章，对将理论与实践一分为二的常规做法提出了质疑，这主要借助了我在麻省理工学院创立并负责的一个城市主义工作室：为了实现城市主义中理论 - 实践的对立统一，工作室做了一个设计完善且高度适配的框架，重点测试现有理论，再经由反思性的实践提炼出新的理论[28]。

　　同样在《城市设计期刊》中，针对研究和城市主义之间的关系，兼为城市主义者与学者的安•福赛思（Ann Forsyth）提出了一个尖锐的问题：在一个用设计来解决问题的世界里，研究对创新有多重要[29]？她自己的回答是，城市主义者直接面对具象化的议题，在多个传统专业中有着特殊位置，事实上可以很好地负责跨学科的工作，令研究不失人文关怀，同时也能扩展、深化自己的知识体系。她具体给出了城市主义中的六大创新：

　　（1）风格（建造物或可持续基础设施改变了城市主义的形式特征）；
　　（2）项目类型（创造了新的城市类型）；
　　（3）进程与参与（发展出了公共参与的新进程、新模式）；
　　（4）形式 / 功能的分析与再现（在理解和再现空间时引入新技术）；
　　（5）从道德、社会和文化的角度展开分析（突显"善"的议题）；
　　（6）与其他领域合作创新（跨学科研究与原型设计）。

　　即便在以上范围内，大量研究还是倾向于认同这个领域的常规定义，因此城市主义实践对城市起到的影响十分有限。在进行那些问题更深入、情况更复杂的研究——譬如围绕着"我们为什么需要城市主义"这个着实费解的问题做文章时，挑战依然存在。

　　城市主义还被认为是各种专业实践模式的集合。关于这种认知，道格拉斯•凯尔博（Douglas Kelbaugh）在近年提出的观点尤为明确。他强调三种当代自我意识推动下的实践模式：新城市主义、日常城市主义，以及程度略次的后城市主义[30]。其中，新城市主义最为人熟知，也最具系统性，这要归功于新城市主义大会。大会促生了一种新的城市模型，即通过对建筑和场所的层级划分，实现一个紧凑、多功能、多样化、交通便捷友好、适宜步行的城市，最终增加人与人之间面对面社交的机会。日常城市主义建立在大量文献基础上，有一个非常清晰的目标：歌颂平凡生活，适当加上一些使其难以捉摸的元素，如短暂性、不和谐性、多样性、同时性。而拥抱风云变幻的全球信息和资本流动的后城市主义则对大部分传统规范和常识提出质疑，它形式大胆——无论是破碎、断裂，还是连续流动——而又坚持相对主义，不出所料地难以预料，没有正统观念和原则。在凯尔博看来，这三种认知或态度正代表了西方建筑学和城市主义中最前沿的兼具理论性和专业性的行动。他赞成综合地看待城市主义，而新城市主义就是最中立的一种，不过于开放，也不过于保守。不过在我这本书的观点上，新城市主义显示出了更为广阔的前景，因为它能直接介入、改变物质城市更根本的形成因素，例如土地使用法规（如用地分区再设计）、房地产开发（如投资土地的多功能开发）。

另一种被越来越多地用于理解尤其实践城市主义的方法，便是模型的使用。最近，一些物理学家尝试用极其庞大的数据库建立城市的关系模型，并且声称许多城市变化都能用一些简单的公式描述出来。举例来说，杰弗里·韦斯特（Geoffrey West）与他在圣菲研究所的同事们表示，如果他们知道某个国家的特定都会区的人口，他们可以估计出该地区的平均收入和排水系统的覆盖范围，且保证精准度在 85% 左右[31]。这样的计算假定了城市人群总会自发形成某种规则，以及城市模式在撇开考虑历史、地理、权力结构之外不会发生变化。然而，密度较高的城市还会带来经济规模、社交质量等问题；我们也不知道本应具有普适性的城市模型要如何解释，那些常常显得毫无章法而十分复杂的政策竟能塑造出民主城市，这还没算上多变的经济状况或微妙的文化差异。

还有一种更加细致入微的方法，即量化物质城市，再进行分析建模。测量、分析空间形式的能力已有了实质性的提升，这也有助于描绘从地方土地使用模式到社区步行舒适度的种种城市形式。定量分析、考察物质城市可以基于以下五个主要方面[32]：

（1）景观生态，首要关注环境保护，数据性质是土地覆盖；

（2）经济结构，首要关注经济效率，主要数据类型是职业与人口；

（3）交通规划，首要关注可达性，数据性质是职业、人口与交通网；

（4）社区设计，首要关注社会福利，主要数据类型是本地地理信息系统（GIS）；

（5）城市设计，首要关注美学与步行舒适度，数据性质是图像、调查报告与资产审核。

总体来说，这项研究显示出，不仅测量、分析空间模式的能力已有了实质性的提升，而且在制定与物质城市相关的策略和政策时，必须从多种尺度出发，照顾到以不同尺度出现的各不相同的议题。

建模也同样是城市实践的基础。格雷厄姆·沙恩（Grahame Shane）是这样描述城市 - 设计 - 建造过程中概念模型的影响的："城市模型能让设计师建立起对一座城市及其组成元素的理解，有助于优化设计。对城市行动者来说，模型也能便于他们在复杂情形和多重尺度中找到行动方向。"[33] 之后沙恩提出他自己的模型，包括了三个基本的城市元素：骨架（armature）、领地（enclave）和异质空间（heterotopia）[34]。骨架是连接城市次级元素的基本元素，它把人们聚集到一个线性空间（例如街道、露天市集、透视轴），继而彼此建立联系。领地是自我组织、自我为中心，自我调控的系统，它由城市行动者建立，通常受制于层级分明的地区管理者（如社区、行政区、管辖区）。异质空间包括了所有不属于主要城市模型元素的例外，是一个混合了领地的静止和骨架的流动，且二者比重不断变化的场所（如香港昔日的九龙城寨、纽约的洛克菲勒中心）。通过重组城市主义，这些元素聚集到一起，正印证了"城市连接好比基因重组，涉及分类、分层、重叠、组合相异元素，最终创造出新的结合体"[35]。

沙恩在后来的论著《1945 年以来的城市设计》（*Urban Design Since 1945*）中又回到了这个概念模型，他将城市主义置于更大的城市 - 设计 - 建造过程背景中进行重组。模型的三要素——骨架、领地与异质空间——以不同的方式组合和重组，产生了四种当代城市类型：欧洲大都会（European metropolis）、亚洲巨型城市（Asian megacity）、大都市带（megalopolis）、超级城市（metacity）。欧洲大都会源于第二次世界大战后一些较大的欧洲首都，如柏林、布鲁塞尔、伦敦、马德里、巴黎、罗马和维也纳，它们是 19 世纪全球帝国的都会型首都。亚洲巨型城市主要指拥有 2000 万以上人口的当代城市——这个数字已经相当于世界城市人口总数的 8% 了，包括新德里、雅加达、加尔各答、马尼拉、孟买、上海和首尔[36]。第三种城市类型，大都市带，是指基于新的分配系统或能源（如油或石油）在发展中突破了都会型城市限制的城市群体，没有单一的市中心[37]。这个词由法国地理学家让·戈特曼于 1961 年首次提出，以形容从波士顿到华盛顿特区一带的城市聚集现象。超级城市这一城市类型的名字则要追溯到荷兰建筑事务所 MVRDV，他们与此概念紧密相连。这是指一种由海量数据信息组成的城市，主要用于更好地理解当代城市之庞大和复杂。要理解和运用这些模型的关键在于，必须批判地评价所有假设——不论是否被明确表达出来，因为其中大部分都可能基于过时的或是过于死板的想法。

此外还有认为城市主义更多是一种实际操作方法，这也反映在最近许多书的关注点上。这些书通常侧重介绍最佳范例、案例研究并总结从中得到的经验，比较典型的有《城市时代的城市设计：为人们创造场所》（*Urban Design for an Urban Century: Placemaking for People*）、《美国城市：什么有用，什么没用》（*American City: What Works, What Doesn't*），都讨论了大量与城市主义相关的案例[38]。这些案例涉及面非常广，包括市中心、住宅区、滨水区、公园、重要的公共建筑（如图书馆、博物馆、会议中心），以及大规模再开发项目。然而，对这些案例的研究多是描述性语句，只有少量的批判分析，更不用说能推动这个领域产生重大变化的深刻理论了。

不过《迈向智慧增长 II：100 个政策推行案例》（*Smart Growth II: 100 More Policies for Implementation*）这样的手册特别让人看好，这主要有三个原因。第一，它推荐的案例中不仅有关于物质城市形式的策略，例如我们现在已经很熟悉的多功能土地利用、创造步行舒适的社区，而且还包含了更远的政策目标，例如在决策时注重长远性、公平性、成本效益，在实施时促进社区和利益相关者的彼此合作。第二，它准确描述了如何将这些策略转化为具体的行动，譬如该书提供了十种具体实现步行社区的方法，包括利用树木和其他绿色基础设施，达到为城市遮阴、美化、降温、隔离机动车道的效果，以及慎重考虑停车场选址以改善步行环境、便于通行。在惠蒂尔上城特别规划的项目中（第五章做了具体分析），为了促进城市更加人性化、更宜于步行，我们也推行了一些创新策略，整个过程高度公开透明且富有参与性。第三，由于这是能从网络轻松获取的免费手册，文字也通俗易懂，保证了这些锦囊妙计的传播，因此也有助于实现一定程度的城市转型。但理论家和学者却常常忽视了这些简单的技巧。

到目前为止，这一类操作指南式的著作中最为鸿篇巨制的莫过于克里斯托弗·亚历山大（Christopher Alexander）的《建筑模式语言：城镇·建筑·构造》（*A Pattern Language: Towns · Buildings · Construction*）。作者是一位建筑师，但也有着异常丰富的学术背景：化学、物理、数学、交通理论、计算机科学和认知研究[39]。这是三部曲之一，另外两部分别是提供理论背景的《建筑的永恒之道》（*The Timeless Way of Building*）与讲述如何实现想法的《俄勒冈实验》（*The Oregon Experiment*）。《建筑模式语言：城镇·建筑·构造》不仅对我们生活环境中反复出现的问题（譬如设计糟糕的公共空间）做了精彩的阐述，书中提出的核心解决方法还可以被反复应用于不同的情况（如作为露天空间的庭院）。这些模式令人信服的原因在于，所有的设计策略都是基于事实证据而非数十年的特定的学术研究或个人主观体验。另外，关于这些模式的观点的文字简单易懂，还附有图表、照片，对国外读者来说也相对容易理解。不过也正因如此（和一些其他因素），这本书一直受到建筑界学者和实践者的忽视甚至排斥，反而在其他领域意义颇深，例如书中"原型"（archetypal patterns）这一概念就对计算机科学产生了重大影响。

之后，对城市主义的认知又转向了最佳范例（best practices），这在各种奖项与精编文集中尤为明显。迪拜国际改善居住环境最佳范例奖是此类奖项中覆盖范围最广的，它设立于1995年，执行方为联合国人居署[40]。每两年评选出12个项目授予最佳范例奖，对100多个在处理公共社会、经济、环境问题方面展现出创新力的实践案例给予肯定。自从设立该奖项以来，已有140个国家的超过4000个案例被收入最佳范例名单，在集结成书后得到广泛传播。在美国，还有一个奖项以强调城市主义中的人文关怀而闻名，这便是1986年创立的鲁迪·布鲁纳城市卓越奖（the Rudy Bruner Award for Urban Excellence），评选过程极其严格。与迪拜奖相似，布鲁纳奖认为城市形式只是优质城市场所的一方面，它更"关注过程、场所和价值的相互影响……（并且）试图阐明城市场所营造的复杂性，以便更好地反映形式与功能、机会与成本、保存与改变之间的平衡"[41]。布鲁纳奖仔细记录每一个获奖项目并在网站上发布，供免费阅读。然而，虽然这些奖项覆盖范围很广，人们也能轻松获取获奖项目的信息，但针对这些奖项如何推动城市大尺度、有系统地转型，却没有任何有记载的研究。

不过，已有越来越多的学术研究尝试分析这些所谓的"最佳范例"，并从中提取观点与经验，使之能适用于更多场合。学者约翰·庞特（John Punter）的研究就是以过程和政策为导向来分析城市主义最佳范例的典型。他最终提出的原则也是源于其对城市规划与管理体制的研究，研究对象来自世界各地：澳大利亚、加拿大、法国、德国、荷兰、新加坡、西班牙、瑞典、英国和美国[42]。庞特回顾前文提到的那部美国手册《迈向智慧增长 Ⅱ：100 个政策推行案例》中的推荐，总结了在评审城市主义项目设计时四组更有效的原则：

（1）社区如何推进愿景、地方政府如何推动集体工程来发展城市主义者的谋略角色，并为评审提供实践背景；

（2）如何运用规划、分区、住房与财政设施来更全面、更有条理地做出评价，找到更优质的设计；

（3）什么样的实质性的城市主义原则可以为设计政策、设计意见、设计干预提供理论支持；

（4）什么样的评审流程可以保证最终快速、公平地做出有意义的决定。

这一系列原则为评价、改革、发展评审流程提供了参考基准。不过，这些原则可以在更大的范围内发挥作用，例如将城市设计作为公共政策、强调策略性和本土化、拉近所有利益相关者之间的距离、善用各种设计规划手段来实现更民主高效的开发和管理——这与本书主张的深度转型在本质上也是一致的。

以上我们讨论的一些城市主义认知方法（如城市主义类型清单、相关知识体系、权威性论文的书籍汇编、"如何做"操作指南、最佳范例奖项与项目合辑），仿佛是为了更好地了解全貌，而在地块示意图上一一标注说明。这些认知的共同点在于用描述性的——也总是尝试性的——方法来理解经典的知识体系与实践形式。它们还引发了更深一层的思考：选择这些理论和行动作为经典，是基于什么样的假设？这些例子的出现总体遵循什么模式，为什么？此外，鉴于当代城市物理结构的复杂性，城市主义不仅正在走向碎片化，而且彼此越来越不相关，除非它学着挑战基本假设，思考更深层次的需求，发展出更系统的策略干预形式，不然别无他法。事实上，已有某个领域开始试图检验这种基本假设和思考行动的系统模式。这就是理论，我们接下来就要谈到它了。

再建基础：城市主义理论化

对城市主义的常规理解——包括前文九种认知方法中的大部分——仍然倾向于用建筑学的思考方式将城市视为一个三维对象，这就完全可以理解为何随之而来的是对形式、美学、空间和物质的执着。尽管这种理解正在逐渐延伸，但与实践的关系仍不够紧密，或者说我们依旧不知道城市主义究竟是如何发生的，而这本应是设计的核心。与此同时，城市主义又是智力活动的基础，即城市主义实践反映了理解力和知识量，以及继续挖掘潜力的抽象思考能力。城市主义理论提供了一组大致方向，这些方向可能会根据不同背景而被转译为特定的设计策略；而另一方面，城市主义理论有助于建立一种评价场所的标准，该标准不要求所有城市以相同的方式达标。

一种常见的批判声音认为，在推动形成一些切实可行的策略和下一步计划时，设计理论和城市主义理论显得过于乌托邦以至于无法用于实际操作。因此理论面对的一大考验，就是如何做到既不抽象到难以转化为实践，如一些实践者在城市理论家埃德•索哈（Ed Soja）的论著中感觉到的，也不太过狭隘或循规蹈矩（好比一些批评声指出新城市主义者的理论太公式化）。许多当代设计理论关注的仅仅是城市建筑的一两个方面，但这样就能够阐述得很清晰。举例来说，参数化城市主义之所以能声称自己是一种城市新形式，是因为它运用了计算机模拟方面最前沿的仿真技术、找形工具、参数化建模与编程[43]。另一个例子是景观城市主义，它认为像景观学取代建筑学这样的学科重组是建造城市的基石[44]。前者基本只讨论技术与形式之间的关系，而后者则把大部分注意力放在地貌、植被、水等自然元素上。不过尽管这两种理论都为当代城市的概念性话语引入了关键元素，它们还是忽视了其他一些重要方面，例如如何让弱势群体获得必要的资源，让市民对自己城市的未来抱有更大的期待。

在本书中，我认为特定类型的理论对于城市主义至关重要，这是因为它可以应对各种各样的挑战，发挥它真正的潜力，继而推动城市转型。理论是系统的知识，它能被广泛应用于不同情况，以解释、分析或预测某类现象。如果要全面地总结，可以说理论是对观察结果进行普遍化和抽象化，为策略和行动提供方向[45]。但这个观点有一个前提，即我们最有效的设计城市的手段就是想象。理论的影响力基于想法是强大的促变因素，因此我们如何看待城市就显得十分重要。进而言之，在最理想的情况下——正如本书所展现的——城市主义能够反映出理论和实践的统一。

最近有一些对城市主义理论的反思，其中包括面对将土地、建筑视为独立商品的房地产市场，寻求物质城市人文体验的重新整合[46]。另一种思考则认为，城市主义夹在科学与设计之间的辩证位置正说明了它更偏向于弱理论，即有条件、有差异、不完整的理论（而不是强理论，即近乎律条的明确主张）[47]。每一种认知方式都为理解该领域的本质提供了有价值的观点，但都未能完全掌握作为现实的概念化的城市主义，或作为实践的城市主义，也未能以某种方式整合起理论和实践以改变城市。

这里有一个影响颇深的城市主义的概念，它对"城市看起来怎么样"的关注远远不及对"城市作为一个社会整体运作起来怎么样"来得多。路易斯•沃思（Louis Wirth）在文章《城市主义作为一种生活方式》（*Urbanism as a Way of Life*）中对城市下了一个社会学的定义，即相对大型而密集的汇聚各色人群的永久居住地[48]。沃思概括地描述了一种基于这些特质的城市主义理论，并进一步进行阐明、检验与修改。针对作为生活模式的城市主义，他提出三种研究方式：①建立一个涵盖人口、技术和生态秩序的物理结构；②建立一种包括框架结构、各类机构、关系模式的社会组织体系；③基于一系列态度和想法，以及有着典型的集体行为模式的群体。为使研究更有成效，设计师和城市主义者必须全面理解并使用这三种方式。譬如说，如何对待物质城市——例如土地利用、土地价值、租赁交易和所有权、自然等的模式，以及物理结构、住房、交通运输、通信设备、公共事业等方面的运作——会与城市生活模式相互产生影响[49]。如果城市主义者能够更好地理解这种动态关系，城市就能成为更舒适的场所。而加深这种理解的途径之一，就是对那些主导城市设计的人文价值进行考察。

在这个研究方向上，凯文•林奇（Kevin Lynch）那部相当人文主义的论著《城市形态》（*Good City Form*）就迈出了重要的一步。他第一次提出城市主义是一个领域和一种实践，这恐怕是城市主义理论中最令人叹为观止的观点。他也给出了解释，说明为何理论对于设计实践和城市主义至关重要。他认为："一种成熟的城市理论应兼顾规范性和说明性……（因为）如果不理解城市是什么样就不可能去阐释城市应该是什么样……对一座城市实际形态的理解取决于对它应有形态的评价。评价与阐释是密不可分的。"[50] 林奇将城市设计定义为一门艺术，它能够为居住地的使用、管理和形式或重要部分创造更多可能[51]。因此，城市设计需要关注人群活动、控制机构，以及对象的三维性。

相比参数化城市主义、景观城市主义等当代理论，《城市形态》所提出的理论的主要价值在于，它是基于实践的综合性认知手段。实践往往涉及多个、经常彼此冲突的利益相关者和对象，这样的情况就要求确立优先考虑项，努力实现平衡，而不是仅仅利用单一且狭隘的手段——譬如绿色设计、景观化、中立传统主义，毕竟我们需要同时面对各种问题，包括经济发展、社会公平、住房类型选择、各种交通手段的可达性、历史保护和再利用。至于为什么《城市形态》这种理论能够特别有助于预示城市实践的未来，这里可以再给出三个理由。

第一，《城市形态》理论的表达并不像当代建筑理论之类常常用一些深奥的语言或是模糊的哲学、科学依据，而是十分易于理解。在林奇看来，"那些即将公开的城市决定，必须有其值得传播的意义。将理论嵌入当前形式的首要动力，就来源于政治……理论的价值不仅应反映在任何文化语境中，而且应对言论开放下的非专业人士也有所帮助。"[52] 林奇提出的城市设计概念是易于理解而富有民主性的，这与那些用建筑印象的延伸、国家政治的物质结果[53] 等极为狭隘的词语来概念化这一领域的理论家形成了鲜明对比。

第二,《城市形态》通过研究社会中最本质的共同点，例如生理舒适、社会交往、资源获取、身份认同，来建构一种基于人文价值的理论。在城市设计实践中，对标准价值的考察十分重要，这是因为：

> 关于城市政策、资源分配、迁移目的地、建造方法等的决定，必须使用好与坏这种常规的评判标准。是短期还是长期，是利他还是利己，是有所保留还是明确无误，评价始终是任何决定中不可或缺的一部分。如果没有意识到"好"，任何行动就都失去了依据；而如果评价没有经过考察审核，那也是十分危险的。[54]

林奇对自己的城市设计理论给出的评价是较为人文主义的，在这个意义上，他的理论所反映的是对人们利益的关照，而非仅仅关注技术、抽象几何、纯粹的空间和结构美学等事物。从人道主义者的世界观和道德观来看，人本身是最重要的主体，伦理立场也要求重视人的尊严、人文关怀与人的能力[55]。林奇的人文主义思考促使我们这些城市设计师去回应一些重要的问题。例如，对于我们所生活的城市，我们真正珍视的是什么，而我们又应当珍视什么，为什么？

　　第三，《城市形态》与城市主义的未来之所以息息相关，是因为它作为一种有用理论的适当的抽象性。任何理论都会面临一个挑战，即归纳总结后的理论成了过度普遍化或特殊化的刻板的设计策略。对于这一两难性，林奇强调：

> 　　理论力图中立，意味着目标是尽可能普遍适用，因此不能决定某个实际的解决方案，目前也没有发现什么成果明显与实际解决方案相关。这就好像是演出标准被应用到了城市范围中，适度的普遍性仅仅是高于特定的空间布局。举个例子，不能说"一种令人愉悦的环境"或"到处都有的一种树"，而应当表达为"夏季的微气候应降至多少到多少的区间"，甚或是"每个居住地都能看得到的某种长寿的生物"[56]。

　　在这个意义上，《城市形态》——以及我们这本书——所传达的观点都足够抽象，能够应用到不同的环境之中，所涉及的问题也足够深刻，不仅仅是"做什么"和"如何做"，还包括"为什么"和"为什么不"，这些对接下来的设计实践颇为关键。林奇梳理理论与实践错综复杂关系的尝试，启发我提出这本《城市转型设计》后面几个章节的论点。而他对城市所持有的深度人文主义的、跨学科的立场，也突显了"城市主义可以是什么"，而不是在"城市主义一直以来是什么"的基础上继续下去。

　　受到亨利·勒费布尔（Henri Lefebvre）、曼纽尔·卡斯特（Manuel Castells）、莎伦·佐金（Sharon Zukin）等人作品的影响，身为城市理论家、批评家的亚历山大·卡斯伯特（Alexander Cuthbert）对林奇的理论方法又做了一些补充，认为思考性和实践性的城市主义只有在较大的空间政治经济体系下才会出现：

> 　　从表面上看，（城市主义者）可能会参与一些为满足委托人需求的寻常过程中，执行本地环境计划，对一些不明确的规划权进行集中开发控制……但在根本层面上，也为了保证他们自身的合理性，（城市主义者）应始终意识到他们长久以来都身处再造城市空间的理论进程之中。[57]

　　这个从空间政治经济学出发的视角，大大深化和丰富了城市主义理论，它可以被视为一种"元叙述（meta-narrative）……将社会科学、地理学、文化研究、经济学、建筑学、艺术史及其他学科的空间利益，与女性主义、可持续性等诸如此类的既有立场整合了起来。空间政治经济学的另一大特性在于，它完全排斥任何存在专业和学术边界的知识类别"，因此，比起较为狭隘的建筑学或城市设计的学科视角，它能够对城市 - 设计 - 建造的过程进行建构、调查、规划、干预，并给出反馈，其自由度和影响力都要更大[58]。

　　正如曼纽尔·卡斯特所写的，某种空间政治经济学的理解同样指出："城市内涵的象征性的表现，城市内涵（及其形式）的历史交叠处的象征性的表现，总是取决于行动者之间长期较量的过程。"[59]在政治、经济权力结构之下，不同利益群体之间充满冲突的过程实际上也是一种规划与决策。在这个

过程中，最核心的是对权力的拷问，这正如莎伦·佐金所写的，

　　　　在资本主义核心社会中，城市持续不断的重建意味着建筑生产的主要条件就是制造流动的物质景观。这些景观连接起了空间与时间；同时它们一方面遵循以市场为导向的投资、生产、消费的标准，另一方面也在建构这种标准，实现对经济权力的直接调控。[60]

　　这一连串的思考引出了一个值得城市主义者们深思的问题：要真正塑造一座城市，究竟要运用多少权力？

实践的转变：设计转型

　　结合本章一开始描述的城市质与量的重要性，一些问题浮现了出来，例如谁是那些真正设计、建造城市的人，而城市主义者又在设计中扮演了什么样的角色。城市主义者是唯一一群训练有素、能够展望四个维度（包括时间这个重要维度）的城市未来的专业人士。城市主义者的特征——有创新力、善于整合、跨学科、以行动为导向——令他们成为世界上最有资格的问题解决者。尤其当他们面对的是 21 世纪最为严峻的一大挑战：如何合理建造城市，帮助人们走向富足。这些独一无二的技巧和跨学科的思考是极具价值的，尽管实际效果可能相当有限。

　　城市主义的悖论在于，尽管城市主义者能够有效利用各种新途径来披露问题、建造物质城市，他们对美学、形式和空间的执着却降低了他们的效能。这种执着和以项目为主导的思考，令城市主义者长期受制于更强大的城市形式制造者。通常围绕项目的思考所欠缺的，正是对大型城市体系、模板的批判。建造对象取决于社会经济和政治权力的相互作用，而建造方式和地点，也必须服从反映政治掌权者和压力集团利益的法律法规或相关标准。

　　采用主流实践形式的常规城市主义者多来自城市设计、建筑学、景观建筑学和城市规划，他们常常认为自己是物质城市的管理者，是公共利益的守卫者，是城市景观美学的拥护者[61]。学者和设计者等许多塑造这一领域的人也通常这么看待他们。这些城市主义者主要是对他们的客户、雇主，以及其他对城市握有大权者负责。一般来说，他们既不会在较为重大的方面塑造城市，如制定土地使用条令和建筑规范等公共政策，也不会投资开发城市或动员社区以支持社区议题。

　　很长时间以来，城市主义者几乎只关注与城市形式相关的课题[62]，这在很大程度上损害了城市设计其他重要方面的创新，譬如公共决策时的激烈争论、对私人房地产开发的条条框框的制约。不过最近一些城市设计相关出版物指出，城市设计师正对社会科学和自然科学、交通和市政工程、水资源和废水处理、分区和公共政策等越来越敏感[63]。在专业实践中有两种趋势受到了热捧，一是深化对城市设计领域的理解，二是丰富城市设计实践使其更具包容性，例如可以联手景观建筑师（如建立生态系统）或规划师（如制定公共政策与土地使用条例）。举个例子，城市设计中正在形成一种景观城市主义

的基调，它将有利于整合土地利用、生态系统思维、特色场所营造 [64]。

因此，尽管围绕城市设计的当代讨论让人看到一些前景，譬如城市设计可以作为一种思考方式，但讨论仍几乎完全聚焦在形式（如组织城市的新手段 [65]，或新社区、商贸走廊、边缘城市、市区等产物或对象 [66]）上，而不是判断优先项、应对挑战、构想新城市的过程。这些过程的重要性体现在三个方面：世界城市地区正在逐渐扩大，大部分人生活在城市中；城市是主要的危机发生地，这些危机包括缺乏经济机遇或充分庇护；如今发展最快、最复杂的城市地区集中在亚洲、非洲和拉丁美洲 [67]。如果城市主义者有合适的概念工具，就可以将他们的知识、经验和创新力，带入城市主义的快速变化和复杂进程之中。

总而言之，虽然在城市主义和物质城市的设计方面，已有许多值得肯定的研究，但本书认为，这仍然是一个缺乏活力的领域，潜能并未得到完全发挥。本书更为关注的，是需求和实践中未得到较好的理解和理论化的方面。此外，不同于在过去和现在的基础上相对消极地理解城市主义，我提出一个本质上的转变，即应该透过"它可以是什么"这样的问题来积极领会城市主义的意义。我不会问"城市设计是什么"这种从常规角度狭隘理解该领域现状的问题，而是问"城市主义可以是什么"，这样才能挖掘出一个更包容的思考和行动领域的潜能。

提出这种转变的意义，不仅在于说明另一种做事的方法（例如另一套"最佳范例"或建立在围绕美学的认识论之上的新风潮），而且也是为了发展出一种意义深远的介入城市的关键方法，为变革行动提供智力和伦理上的指路标。这些概念迁移说明了潜在价值观的转变和对城市主义更深的信任，城市发展的目标也将随之改变。与此同时，通过在术语层面将城市设计转为城市主义，我认为参与实践者将不再仅限于那些常规意义上经过训练的城市设计师、建筑师、景观建筑师、城市规划师——尽管他们仍将贡献许多力量。城市主义者是在日常生活中参与城市建造的人。事实上，一些最前沿的想法、最激动人心的实践正源于那些积极分子、游说者、非营利组织等，他们一直热心于社会和环境公平，贫困人群住房，步行、骑车、公共交通等交通，公共空间平等使用，街头摊贩和公开抗议者的合法权益，以及关于资源分配与城市的公共或私人投资等议题的民主决策。

全书总览

本书是深度介入城市 - 设计 - 建造过程之后的结果。当我还是一名学生的时候，我一方面用艺术、建筑、城市设计、城市规划和公共政策等各种知识与技能充实自己，另一方面也始终对各领域自我宣称的意义保持理性的质疑。而本书就把这种理性质疑与必要的批判性实践结合了起来。第一章主要是给城市主义各类思想流派把了把脉，接下来的章节将在此基础上提出关键问题、打破学界界线，以继续建构这样一个观点：城市主义的概念迁移和实践转变能够为城市设计带来意义更为深远的结果。这不仅要从前文提及的领域中总结经验，还应利用一张更大的网来寻求答案，尤其是实用主义这样的哲学思潮；必要的时候还可以把这张网铺得更开，甚至涉及政府预算和即兴喜剧。

在第二章"发现关联：实用主义、乡村聚落与城市主义"中，在实用主义的启发下，我继续追问"城市主义可以是什么"。多年来，作为学生、实践者、学者、城市主义方面的教师，我一次次回溯实用主义哲学的价值观，以此来理解社会、城市和根本转型之间的关系。实用主义所探讨的，远比设计、实践、城市主义的常规理论深入得多，可以说它是一种关乎我们思考方式的哲学，这与元认知（metacognition）的概念十分相似：思考何为思考。

虽然实用主义指向了城市主义的深层理论，我们仍然需要检验、回顾那些深度实践的实际经验。因此，在利用深层理论应对那些十分重大而复杂的课题的时候，深度实践就应充分展开，直面实际情况中棘手的问题；本书提出的转型的可能性正是基于这一关联。哲学之所以能够引出设计中的深层理论，是因为城市主义的常规思考并没有说明城市实践的复杂本质。深度实践源于一系列不同的策略：不仅包括创意设计思维，还有市政工程、公共政策、社区动员、政府预算、即兴喜剧、停车管理、政治决策等，这些在后面的案例研究中也会——谈到。

第三章到第五章的案例是两年来研究、观察的结果，也有一定的选择标准。首要标准就是：这是一个转型的城市主义的例子吗？如果是，它采取了何种方式？第二个标准：这个例子能够描述或者深化我所提出的概念迁移（城市作为流体、设计的影响、城市主义作为政治创新手段）吗？第三个主要标准：这个案例反映了设计在世界各地不同文化、历史、政治经济环境下的挑战吗？第四个标准比较实际：有没有足够的一手（如实地考察、作者拍摄的照片、个别访谈、原始记录）或二手资料（如期刊、报纸、书籍、其他作者的学术研究成果）来对案例进行全面而有效的分析？

这些案例研究将以如下的组织框架得到呈现。

• 第二章，"发现关联：实用主义、乡村聚落与城市主义"

——乡村聚落发展计划，印度古吉拉特邦，执行方为阿迦汗发展集团与阿西姆•伊纳姆，1987年至今。

• 第三章，"对象之外：城市作为流体"

——奥运村，西班牙巴塞罗那，执行方为 MBM Puidomènech 建筑事务所和奥运村股份公司，1986—1992。

——爱资哈尔公园，埃及开罗，执行方为阿迦汗文化信托基金会和 Sites International 公司，1984—2005。

——MIT 实验设计工作室，美国波士顿，执行方为阿西姆•伊纳姆和麻省理工学院城市设计与开发专业的研究生，2009。

• 第四章，"意图之外：设计的结果"

——蓬皮杜中心，法国巴黎，执行方为伦佐•皮亚诺、理查德•罗杰斯、吉安弗朗科•弗兰奇尼（Gianfranco Franchini），以及乔治•蓬皮杜国家艺术文化中心，1970—1977。

——印度人居中心，印度新德里，执行方为约瑟夫·斯坦因（Joseph Stein）、阿西姆·伊纳姆，以及印度住房和城市发展公司，1988—1993。

——中央干道/隧道工程"大开挖"，美国波士顿，执行方为马萨诸塞州高速公路局、马萨诸塞州收费高速公路管理局（MTA）、伯克德-柏诚合资公司，1991—2007。

• 第五章，"实践之外：城市主义作为政治创新手段"

——惠蒂尔上城特别规划，美国洛杉矶，执行方为莫尔和波利佐伊迪斯建筑与城市研究事务所、阿西姆·伊纳姆、惠蒂尔市，2006—2008。

——第三水公园，巴西贝洛奥里藏特，执行方为贝洛奥里藏特城市化公司和 M3 建筑事务所，2004—2012。

——奥兰吉试点项目，巴基斯坦卡拉奇，执行方为奥兰吉试点项目研究与培训中心、奥兰吉镇的居民，1980 年至今。

这些众多的案例研究是为了做两件事：①强调作为强大动力、源于实用主义的基本概念框架在城市转型设计中的重要性；②表现这些概念迁移如何在世界各地迥异的历史、地理、政治背景下发挥作用。这些各不相同的案例研究由三种概念迁移——物质对象之外：城市作为流体；意图之外：设计的结果；实践之外：城市主义作为政治创新手段——构成。每个章节都以阐述这些概念迁移为开篇，然后描述每个案例如何反映某种概念迁移。举个例子，"城市作为流体"在巴塞罗那，体现为一个五年的设计项目实际上是城市主义百年进程中一个清晰完整的部分；在开罗，则体现为优秀的景观建筑项目如何演变为一个能够持续带动低收入者社区的社会经济发展的策略；而在波士顿，实验性的城市设计工作室训练学生们用各种合作、创新的方法进行设计，同时也尽力帮助他们理解流动状态下的设计对象究竟是什么。每一章节的引言与结论会帮助读者着重注意每个案例研究的特定观察视角，而案例研究也能令读者更清晰地了解一个概念的多重解释与表现，这比第一印象要丰富、复杂得多。这里并没有声称每个案例都完美无缺或包治百病，事实上，所有案例或多或少都存在本质缺陷——但重要的是，我们能够从每个案例中获得有用、有趣甚至令人惊喜的发现。

因此，第一章至第五章批判地分析了城市主义的状态，提出一个主要论点——实用主义可以为城市主义提供难得的有价值的启发，并用九个案例研究展现三种概念迁移——城市作为流体、设计的结果、城市主义作为政治创新手段。第六章围绕转型展开讨论，并做了最后的总结。尽管转型这个词被频繁使用，但它更多指代城市中一些浮于表面且平凡无奇的改变。而我认为它应该是一种更加剧烈的根本性的改变，如重要的结构转型。我的结论是，如果要真正设计城市的转型，概念迁移和描述性的案例研究不过只是开始，我们还必须努力走得更远。值得庆幸的是，假如我们勇于朝着这个目标进发，还有许多灵感等待我们去汲取。

第二章　发现关联：实用主义、乡村聚落与城市主义

实用主义哲学

与哲学文献中将实用主义写作一个小写字母"p"开头的普通名词的做法不同，本书中我会采用一个大写"P"开头的"实用主义（Pragmatism）"。这是因为我希望围绕一组哲学思想展开讨论，而不是常规意义上仅仅注重实际而有效的解决方法的实用主义。正如许多哲学思潮表现出来的，始终存在许多各不相同、时而对立的视角，这些在其他出版物中也已有讨论[1]。所以即便是被奉为典范的实用主义者，他们的立场也可能大相径庭，从查尔斯·皮尔斯（Charles Peirce）提出的批判现实的实用主义（假设人类知识是可错的），到约翰·杜威（John Dewey）的视角主义（perspectivism）（认为知识与世界是不同社会文化背景下行为的产物）[2]。基于我的研究目的，我将实用主义视为一顶宽阔的大伞，形形色色的思想都能在其庇护下存在。在 20 世纪最初的二十多年内，实用主义是美国最有影响力的哲学思潮[3]。除了在美国产生了非同寻常的影响之外，在英、法、德等国家的思想者的不同阐发下，实用主义也蔓延到了欧洲。因此，实用主义最应当被视为一种思潮而非某种单一的学说。进而言之，实用主义的思潮特质，不仅影响了哲学这一学科，对法律、教学、政治和社会理论、宗教、艺术的研究也有着深远的意义。

在理解现代社会和机构上，实用主义的作用已经得到了证明，这是因为它强调知识、意义、价值的实际影响。透过实用主义可以看到，某种意识形态或某个主张只有发挥令人满意的效果时才能被称为是正确的；某个主张的意义只体现在实际的影响中，不切实际的观点也得不到接纳。实用主义者强调，要将实验性的方法应用在理论、思想的发展之中，要相信大脑有能力阐释、分析、理解这个世界。实用主义思想的开创者们正是对早前那些在他们看来限制了人类能力的理论感到失望，那些理论只是把事情变得越来越难做。因此，他们开始"努力将人类从糟糕而没用的思维结构中解放出来"[4]。就这样，在学者眼中，实用主义成了一种全新而彻底的变革性的思考方式。而对它的追根溯源，也让我们明白，它何以成为当代城市主义中一种有力可行的理论框架。

作为哲学思潮的实用主义始于 19 世纪 70 年代的美国。最初奠定基本方向的，是查尔斯·桑德斯·皮尔斯、威廉·詹姆斯（William James）、昌西·赖特（Chauncey Wright）的思想和论著；后来则由约翰·杜威和乔治·赫伯特·米德（George Herbert Mead）继续加以发展。实用主义这个词于 1898 年首次出现于印刷物上，当时詹姆斯对皮尔斯在 19 世纪 70 年代早期创造出这个术语予以了肯定。从历史角度看，实用主义衍生于一系列充满智慧的谈话，不再仅限于广泛的经验。最初的分析被逐渐深化、拓宽，最终成为心理学和逻辑学方面的一种普遍哲学，一种用有价值的知识决定未来经验的思考方式的哲学，一种基于经验运用语言的方法论，同时也是探究和判断的本质。在实用主义的联合创立者中，如果说

有谁尤其值得一提，这便是查尔斯·皮尔斯，他被誉为美国"最有独创性、最博闻广识、哲学思维最全面之人"[5]。

1878 年，查尔斯·皮尔斯撰写了后来为人熟知的"实用主义原则"。在这一原则中，皮尔斯解释了实用性想法如何帮助我们区分两种概念，即一种有着特定价值、信仰或理论的意图，另一种则是毫无必要、没有任何实际意义的抽象思想。为了更有效地理解一种概念，皮尔斯认为关键在于："当你设想概念的对象的时候，需要考虑其会对实际行为产生什么可以设想的效果。这样一来，你对这些效果的概念就是你对这个对象全部的概念。"[6] 20 年后，即 1898 年，詹姆斯在加州大学伯克利分校发表了一场题为"哲学概念和实际结果"的演讲，其中正式引入了这个术语"实用主义"，并进一步阐发了皮尔斯的"实用主义原则"。我在第四章会更加细致地讨论这一观点及其与城市主义的关联。

除了关注理论或思想的影响，皮尔斯还主张实验应能推动哲学探究，并且进一步提出，探究取决于真实的怀疑，而非说说而已或夸大其词的怀疑。换言之，实验需要你诚实面对当下的未知。从怀疑到实验的反映，能够帮助你在思考与某种概念相应或相悖的情况时，进一步发展这一概念。这种实验并不意味着过于宽泛的经验，因为如此一来它终会消失在一团抽象的假设中；也不意味着要给现实分别涂上色彩，这样反而会看不清整个画面。关键是，所提出的假设应该经过直接行动的严格检验，而这一观点正是极具变革性的城市主义的核心概念。

关键原则

在发展早期，实用主义就因其对旧哲学探究的彻底摒弃而显得与众不同。举例来说，实用主义明确反对笛卡尔那种对"第一哲学"的追求。"第一哲学"认为，争论何为现实的普遍基础、何为能够回答一切哲学问题的伟大真理，是没有意义的。实用主义的主要思想则恰恰与之相反，它关注某种想法如何推动实现人类目的，同时举出种种证据支持或反对其真理性。渐渐地，实用主义成了一种思考方式，它涉及由不同哲学家针对不同方面提出的截然不同的论点。正因如此，如今理解实用主义，最好将它视为一种思潮而非某种特定的单一学说。实用主义在未来还可能发展为启发性的思想体系，其丰富的材料、洞察力、分析能力并通常预见哲学领域近期的发展。

20 世纪 90 年代，实用主义的传统继续得到发展，理查德·罗蒂（Richard Rorty）等人的作品也赋予了它新的动力。罗蒂的论著《哲学和自然之镜》（*Philosophy and the Mirror of Nature*）等作品为实用主义哲学的复兴铺平了道路，使其延续至今。许多踏入哲学领域、实用主义的后辈将这些看似多样化的观点与思潮本身视为相对主义的一种标志，而当事实显示出并非如此时，这些后辈感到不解。实用主义并不等同于简单粗糙的认知上的相对主义，即认为每种观点都是好的，以至于你对任何观点的支持都显得没有意义。实用主义也不等同于简单粗糙的实体上的相对主义，这种相对主义会让我们随心所欲地建造这个世界，甚至挑战重力的存在，肆意地轻视建筑材料的模块化结构。不过虽然各种各样的实用主义思想和相关的错误概念由来已久，仍然有许多能够体现实用主义特性的关键原则：反基础主义，知识的社会性，偶然性，实验性，多元主义[7]。

反基础主义

反基础主义是实用主义思想中最核心的原则之一。这一原则强调，想法并非已经存在于完美形式之中：只有当人们走出日常生活，在某个时间来到某个地方，进行某种特定的实践，产生某种特定的需求，这时想法才会在不经意间出现，这个过程充满了偶然性。换言之，实用主义可以被视为一种练习达成目的的哲学：想法只有在帮助我们完成某事或者更好地面对这个世界时，才能被认为是正确的。一些遵循柏拉图观点的哲学理论往往会假设一个固有的、毫无疑问的基础，而实用主义者与之不同，他们相信这个世界没有也没必要有毋庸置疑的认识论基础。

反基础主义反映了实用主义鲜明的态度，即"不再盯着最初的事物、原则、范畴、假设的必要性，而是关注最后的事物、成果、结论和事实"[8]。前美国最高法院大法官奥利弗·温德尔·霍姆斯（Oliver Wendell Holmes）曾这样描述道："法律的一生没有逻辑性，它所有的只是经验。"[9] 霍姆斯的言下之意并非是法律没有逻辑，而是说，千百年来从一个案件到另一个案件，指引着法律前进的，不是一成不变的理性，而是变化无常的经验，后者在这里的语境中便是指社会的生活史。这种立场就是反基础的，即认为没有一种知识的基础在人类话语之外，我们无法寻获一种最终的本质的现实。反基础主义没有特定的方法论，合适的行动方式就基于真实世界中最有效的那一种[10]。

知识的社会性

从构成上来说，实用主义者的知识具有社会性："信仰是一种集体产物，它经过社会的锤炼，反映了特定社会环境下的特殊条件和人们的需求。"[11] 这不是社会决定论，我们仍然认可个体的差异性和多元组成的重要性。对知识的社会性的强调，意味着即便是艾萨克·牛顿（Isaac Newton）这样极其孤独的天才，也无法脱离社会关联。

牛顿意识到他站在早于自己的"巨人的肩膀上"，也就是说，他只是悠久传统的一部分，而这个传统的社会性的分量等同于其知识性[12]。牛顿所致力解决的问题、借助的技术、使用的科学仪器、调用的逻辑，以及他的发现所受到的欢迎，都是外在或内在的社会一致性的结果。

进一步说，为了使牛顿的地心引力学说成为真理，为了使地心引力被公认为真实的存在，牛顿必须让所属社群认可，比起其他任何人，他的构想与这个世界更契合。而重点是，这样的认可就牵涉到一系列内在的社会进程。

托马斯·库恩（Thomas Kuhn）是这种社会性特征的拥护者，他在论作《科学革命的结构》（*The Structure of Scientific Revolution*）中提到"范式"（paradigm）这一概念，并表示在选择主要范式时，相关社群的赞同是最高标准。然而，强调知识的社会性并不是说它是流动的，以至于任何事物都能被视为真理。根据实用主义的定义，某种能够被视为真理的知识一定是有用的，即能够让人类实现他们的目的。若非如此，也就不存在社会一致性。牛顿的地心引力假说得到认可与接受，是因为比起其他任何假说，它让牛顿所在的自然哲学家群体更好地理解了地面与天空的运动。而且它的真理性一直未曾动摇，直到爱因斯坦发表广义相对论。毕竟正是相对论更好地满足了人类的实际需求，即相对论证明了它本身在认知方面是有用的[13]。

偶然性

查尔斯·达尔文（Charles Darwin）的理论认为，从不可预知性的层面来看，有机体社群适应或逐渐衍生出某种利于生存的特征。在达尔文看来，有机体的进化不是随机发生的；新的特性一定产生于过去的或现有的特性。偶然性指出，人类自身及其智力的发展源于许多进化分支点，而位于分支点上的进程在很大程度上受到了陨石撞击、气候变化等外部事件的影响[14]。与此类似的，实用主义者相信：

> 想法并不基于自身的某些内在逻辑而发展，而是像细菌一样，完全取决于它们的宿主人类和周围环境。他们还认为，既然想法即时反映了特定的不可复制的情况，它们的存在就依附于其适应性而非永恒性。[15]

这样一种认知就要求实用主义者应能轻松调整甚或放弃一些陈旧的、已不能应用于新情况的想法。事实上，偶然性也应该被视作一种机遇，它能够为我们服务，而不是与我们对抗。举例来说，1985 年墨西哥城那场毁灭性的地震是一次偶然性事件，但同时它也为城市的大幅改善提供了机会，尤其是对那些住在历史中心区的低收入居民而言[16]。极其成功的住房重建工程——民众住宅更新计划（Renovation Habitational Popular）的出现，正是由于规划方和社区团体能够很快适应并调整，基于现有的经验尝试新方案。尽管一些想法看似荒诞不经，但无论如何也部分改变了这座城市。

实验性

在这个日新月异的世界，人类必须不断地实验以求生存。前文提到的那位霍姆斯法官曾经说过："任何生活都是一场实验。每年——即便不是每天——我们都不得不为那些基于不充分的知识的预言赌一把。"[17] 尽管大多数实验会失败，人们仍然怀揣抱负，指望新的协议、技术、设备、机构、方法、科学或艺术探索，以及就城市主义来说，设计策略等能够成功，帮助人类走向繁荣。我们必须放弃先入为主的观念，满怀希望地相信最终结果会为我们指明一条前进的道路。

实用主义者们从经验科学的方法与态度中看到了巨大的价值，尤其是在质问和探索的习惯上、在测试与某种经验证据相关的答案或发现上。而归根结底，这种方法就是质问和测试[18]。理查德·罗蒂通过倡导充满活力和批判性的公共论辩文化，再次强调了杜威所关注的民主智慧的发展。在这个过程中民主至关重要，因为要找到能够启发新理论的最佳实践范例，就必须倾听每一种经验之谈。在这个意义上，实践是哲学之本。

多元主义

　　"对于差别、异质、敌对、冲突，我们无须遵循格奥尔格·黑格尔提出的'扬弃'概念而进行调和，而是应当将其并置、对比和对立比邻，使它们能够因彼此的相邻关系而发出抱怨和抗议的声音。"[19]

　　实用主义者坚持认为，诸多观点不会最终叠加为某种纯粹唯一的真理，因为理论永远都不能完全代表人类的生活。理论只是试图对世界做出阐释，它只能建构出部分的真实。生活的复杂、混乱与偶然，是任何一种概括性的理论都无法表述清楚的。

　　罗蒂在他的论著《哲学和自然之镜》中表达了这样一个中心论点：哲学应当远离对某种特定的认识论的研究，朝着罗蒂称之为解释学、教化、多嘴（kibitzing）或对话的方向发展。所谓解释学，在罗蒂的阐述中是指对解释与意义的研究，其之所以重要，是因为不同的个体和社群事实上都是在不同的而且常常无从对比的范式中活动的，这样就有可能引发本质上截然不同的解释。而罗蒂之伟大，就在于他强调，我们不应该害怕这些不同解释的存在，而是从解释学的角度出发，"将它们之间的关联视为对话的一部分；尽管我们预设没有任何一种学科基质能够联合起所有的发声者，但这种达成一致的可能在整个对话过程中自始至终未曾消失"[20]。依循这样一种框架，哲学或城市主义的实践者就不会在面对差异时决定放弃，不会将这些差异视为错误，不会认为这些差异只是还没有像分析哲学那样被合适地分析，更不会通过一种形而上学的建构来试图调和所有的差异。他们的目标反而是，通过对话和争论，意识到潜在的机遇，并从互动和交换中有所获益。

　　与此类似的，对哲学家理查德·伯恩斯坦（Richard Bernstein）来说，实用主义者的任务就是集中不同的哲学声音来扩大调查社群，提供条件，以促进彼此之间的对话[21]。实用主义者认为个体的身份认同是在文化环境中通过与他者建立关系而形成的，他们避免在立场上两极分化，尽管在抽象的意识形态原则中常常可以看到此类表述。实用主义者努力远离像心理/身体、事实/价值、理论/实践这样的二元论，他们强调做判断时应考虑特定的环境与实际情况。譬如说，杜威非常重视不同情境下的社会公平，但他并不赞同马克思将社会作为一种因物质分配的等级差异而形成的结构化产物的假设[22]。而多元主义的视角会考虑不同的立场和社会公平的实际经验。

实用主义对城市主义的启发

　　以上五大原则结合起来，就是实用主义思想的基本框架。透过这种对实用主义的探究，可以看到不能分开考虑理论和实践。我们如何看待某个特定的概念，通常就决定了我们最终的做法。不过即便前景一片大好，实用主义仍然算不上一个完美无缺的理论框架。一种常见的批评观点认为实用主义不仅为道德虚无论开启了一扇大门——譬如詹姆斯认为尼采正是这样的道德虚无论者，还支持了某种相对主义和十分危险的"凡事皆可"的世界观。一些批评还指出，实用主义过于自我指涉，总是愿意接受基于理论的实际效用的调整。而事实上，"我们的思考中没有哪一部分不会受到未来可能出现的证据的影响"[23]。然而对实用主义者来说，坚持严格的原则，并没有持续推动对话、探究和深层理解来得重要。

此外，分析城市主义时应将实用主义纳入考虑范围，其原因是，实用主义能够帮助我们转而迎接当今世界的挑战。杜威曾表示："当哲学不再是解决哲学家自身困惑的工具，而成为一种由哲学家打造出来用以解决人类问题的方法时，哲学就找到了它自己。"[24] 由于这种想法，杜威开始关注当时的社会与政治议题，抗议种族歧视（他是美国全国有色人种协进会的创始人），反对工人阶级受到的不平等待遇（他辅助创立了工业民主联盟、纽约州教师联合工会），支持自由演讲（他曾参与建立美国公民自由联盟、美国大学教授协会）。就这样，杜威的哲学思想引领他展开了一系列以改善社会结构为目的的行动。

设计和实用主义之间的关联则是多方面的：它们强调通过实验性的方法来理解世界，在现实中求证观点，在跨学科中蓬勃发展。罗蒂曾写过，哲学观点可以被用于启发艺术与设计。他认为艺术与政治很可能是比科学更肥沃的实验田：

> 科学实验之所以有尽头，是因为，可以这么说，我们能够全部掌握这些知识。政治和艺术的实验却无穷，则是因为，与自然科学不同，你无法预知这些文化领域的功能。艺术和政治可以改变我们的目的，而不是单纯地帮助我们实现目的。[25]

实用主义和城市之间的关联也同样由来已久[26]。这要归功于那些重要的美国实用主义者，例如皮尔斯、詹姆斯、杜威和米德，他们的作品深刻影响了美国城市理论中研究时间最久的一大流派。这就是在 20 世纪早期，从芝加哥大学社会系衍生而来的城市生态学芝加哥学派。该学派的城市主义者有罗伯特·帕克（Robert Park）、欧内斯特·伯吉斯（Ernest Burgess）、罗德里克·麦肯齐（Roderick McKenzie）等，他们借用了传统实用主义者的一些学说，其中之一就是强调生活的有机体本质。尽管实证论和机械学始终从因果关系和线性关系的角度来看待社会科学，也借用了自然科学的模型，但那些实用主义者仍然认为，生活这张有机网才是理解社会关系的基础。对芝加哥学派来说，城市是一个生态系统，不同的社会团体为了空间和生存机会而彼此竞争。虽然如今芝加哥学派的许多作品已经被超越甚至名誉不再，但生活作为一张有机网这一理念仍在不断地以各种形式来自我证明，如网络理论。

实用主义帮助我们了解，我们那些以城市主义为中心的观点——譬如我们的城市观——所追求的到底是什么[27]。我们无法从本质上定义城市，但可以根据人们利用城市的方式、对城市的期待，来试着为其下定义。举个例子，人道主义将城市理解为人类意义和经验的具象存在；而从马克思主义的角度来看，城市就是资本再生产与资本积累的支点；可见这二者对城市的定义截然不同。因此实用主义者的回应并非是给出最正确的那个定义，而是要问：每一种定义都在何种程度上实现了初衷？实用主义哲学强调，只有得到社群的支持，某个城市概念才能走得更远。进而言之，实用主义者可以说，某个城市概念要想被接受、应用并得以延续，就必须灵活多变，能够在不可预测性与无常的变化面前应对自如。此外，对不同的城市概念进行实验是有益的，因为这或许会带来积极的改变。所有这些对城市做出的定义都不可能尽善尽美，但它们确实可以产生实际的影响。多元主义的实用主义理念提醒我们，城市并不意味着言尽于此，而恰恰是一连串细节的开始。而那些细节，例如场所、空间、景观、规模、位置、发生地点、情境，并不一定要前后连贯。

对城市转型进行设计，首先要透过实用主义者的视角来看世界。比起传统城市主义的对象、意图、实践，更重要的是与日新月异的城市深层结构相连的设计的实际作用。实用主义者感兴趣的并不是仅仅修补已有知识的社会性和物理性结构；重大变革才是必须实现的。城市主义文化——城市实践者行动所遵循的框架——绝非仅仅顺应现状，而且还要构建 21 世纪城市新的现实和复杂状态，带来根本的改变。

在实践中发现实用主义

我是在这个领域工作了数年之后才意识到实用主义的存在，也发现了我的实践经验和实用主义理念二者之间令人惊讶的相似点、重合点和见解。在这个领域的深度实践可以厘清两个事情：一方面，许多传统设计理论欠缺的部分可以从城市主义课程中学到；另一方面，实用主义观点可以解释城市主义大杂烩的特点，激发城市主义尚未发挥的潜能。我第一次尝试深度参与、持续反省并从理论角度进行思考的实践，就是乡村聚落发展计划（Rural Habitat Development Program，下文简称"乡村计划"），一同执行的还有阿迦汗规划与建设服务机构（AKPBS）印度分处。读者们可能会问，这样一个在印度偏远村落的乡村计划与 21 世纪城市主义的变革潜力有何关联？但正如我将在以下小节阐述的，我们从中收获的许多有价值的思考和经验正体现了实用主义原则，可以作为策略用于未来城市的设计中。我是这个乡村计划的联合创始人与总建筑师，基于已有的研究和伙伴关系，我设计了一个灵活开放的实践模型，用来改造当时的建成环境。数年之后，随着这一方法变得越来越适用、越来越有效，我才意识到，这个模型事实上非常接近实用主义的观点，尤其是它的反基础主义、知识的社会性，以及实验性。

1987 年，我为阿迦汗规划与建设服务机构印度分处（下文简称规划与建设服务机构）设计了一个乡村计划。这个规划与建设服务机构是阿迦汗发展集团的非营利下属机构，而阿迦汗发展集团本身是一个私立的、非宗派性的国际化组织集团，致力于改善发展中国家贫困地区人民的生活条件，为其创造发展机会[28]。我接到的任务是为古吉拉特邦这个位于孟买西北方向约 400 千米处的地方，策划并执行一个全新的计划，来设计、建造当地的乡村住房。这里的村落多数很小很偏，还存在不少问题，诸

图 2.1 印度古吉拉特邦的朱纳格特地区的村落。它们通常规模很小，位置偏远，外围有着成片的花生地，面临着诸如资源匮乏等严重问题。
来源：阿西姆·伊纳姆

如洪涝与干旱的交替出现、资金与物料的匮乏（见图 2.1）。

　　尽管这个新计划的委托十分清晰地表明，其需求不过是为乡村贫困人民设计与建造住房，但我明白乡村地区情况之复杂性远在其上。首先，乡村居民或许知道如何设计、建造住房，真正的挑战在于难以获得资源，尤其是建房资金与更好的建筑材料。其次，设计和建造新的住房并不像是居民的首要需求，更有可能的反而是净水供应、完善的卫生设备与下水道、宜居的公共环境等基础设施的建设[29]。为了检验这些想法，我提议先进行田野调查来确定当地最根本的需求与问题，找到最有可能实施计划的村庄，同时向已经开始针对这些议题开展工作的古吉拉特邦的非营利组织与政府工程寻求合作。

　　大规模的田野调查主要集中研究以下两个问题：①当前最紧迫的需求是什么？②应对这些挑战最有效的方法是什么？计划的第一年几乎就是在做调研、建立关系中度过。我和我的团队花了大量时间走访村落，与居民聊天，让自己完全沉浸在乡村的日常生活中。我们还研究了当地建材与技术（见图 2.2）。这个调研的关键，就是在对话和讨论中与社区领导者建立互信关系。我还分析了在其他发展中国家（如印度尼西亚、尼日利亚、巴基斯坦）开展的类似工作，重点关注哪些手段行得通、哪些则不能。

　　我们调研、沉浸的对象还不仅仅是物质环境。我们与社区分享食物，参与当地节庆，召开了无数次正式和不正式的村民大会，在印度重要的圣母节（Navratri）上与社区成员一同跳舞（见图 2.3）。我们要明白自己并不能脱离所服务的社区而存在，而是其中的一分子。通过这个研究，我们有了新的理解，强烈的共鸣推翻了我们在项目之初提出的假设。我们不是为这些居民设计、建造住房，而是要

图 2.2 我们针对当地建造技艺和
建筑材料进行了广泛的田野调查，
发现女性在其中扮演着相当重要
的角色，例如混合牛粪、稻草与
黏土来糊墙。
来源：阿西姆·伊纳姆

图 2.3 我和我的同事全身上下
穿成白色，和村民一起跳着古
吉拉特邦一种传统舞蹈（dandya
ras），跳舞时还需要手持木棍，
玩得十分开心。
来源：阿西姆·伊纳姆

图 2.4 正如在这个村落可以看到的，当前有两类最需要完善的基础设施，即净水供应和污水排放。而在这里，废水只不过是从泥土小道一路流下，最终汇入一潭死水，极易造成蚊虫滋生与疾病蔓延。
来源：阿西姆·伊纳姆

关注他们眼中最急迫的需求，在长期过程中赋权居民、调动当地资源。虽然许多实践者也做了相似的努力，但真正的挑战是，如何通过生活、工作及参与这些居民日常生活的过程，全身心地面对社区的复杂状态，面对各种各样的差异与分歧。

我们的田野调查显示出村落亟须解决的以下几个问题。从社区层面来说，包括饮用水的获取、水质、储存及分配，固体垃圾处理与废水排放（见图 2.4），炊事能源需求；从家庭层面来说，则希望拥有能够用于起居、炊事、收纳、清洗、安置卫生设备、圈养牲畜等的充足空间，以及住房建设资金、优质的建材、先进的建造技能[30]。我们的方法是多学科的，首先我自己是团队负责人与总工程师；我们的行政助理来自该地区，非常熟悉当地行政结构和办事流程；我们有一位联络官与社区一同工作，帮助组织动员当地民众；还有一位处理当地建房系统及研究如何提高技术手段的技术顾问，一位负责筹资以建设房屋和基础设施的经济学家。整个团队都在村内生活、工作。我们的计划都建立在需求的基础之上，而且与常规设计师利用的绘图、建模等传统机制不同，我们的干预机制是开会、设立工作坊、开设培训课程、制定财政计划、建立村庄组织。我们的目标是在约五年后，与超过 18 000 人共同工作。而正如下文我所提到的，事实上这个计划的受益者人数已达到这个数字的五倍，并且在 25 年之后仍维持有效运转。

我之所以能想到这个新方法，是因为一开始我对于所做的事情毫无头绪；换言之，我开始这个计划的时候，没有预先准备任何方法或模式。总部位于日内瓦的阿迦汗发展集团聘用我的时候，我还在巴黎攻读建筑硕士学位，所以我带着完全开放的心态，也不会执着于某个特定的策略。我也没有任何以常规方式（基于主观想法判断应当如何发展）执行计划的经验。我很感激阿迦汗集团的领导能够给我时间和资源来进行调研，毕竟当时能这样做的印度非营利组织极其罕见。在他们看来，结合印度乡村这样的大环境，这些想法与方法非常之新，几乎是开创性的。正如在后面会看到的，20 年后，这种方法的灵活性与前瞻性还产生了非常巨大的影响。开放的方法也符合实用主义的反基础主义原则，它强调偶然出现的想法应反映特定场所或特定时刻的生活需求与实践。

直到今天，规划与建设服务机构仍然秉承着对村民负责的态度，在开展不同的乡村子计划前，都会整合基于调研和伙伴关系的工作方式。古吉拉特邦环境健康计划可谓其中典范。在动员社区参与之初，成立了一个能够代表全村各类人群的乡村发展委员会，包括至少 30% 的女性、15% 的潘查亚特（panchayat，一种乡村管理主体）成员[31]。全村筹集了建造公厕所需资金的 70%，存放于一间由乡村发展委员会、规划与建设服务机构两个组织共同管理的银行内。这种包容性机制对于不同子计划的进程和成功必不可少。

在实践中检验想法

这个计划在设计之初，意在要回应古吉拉特邦以下十个村庄在生活条件方面的需求：莱瑟德拉（Lathodra）、甘格查（Gangecha）、帕瓦利亚（Paswaria）、琼普尔（Jonpur）、法戈里（Fagri）、吉德勒瓦（Chitravad）、桑戈德拉（Sangodhra）、帕尔彻（Bhalchel）、肯尼迪浦（Kennedypur）和金吉乌达（Jinjhuda）。村庄规模不大，人口最少的是帕瓦利亚，800 人，最多的是桑戈德拉，2500 人。我们选择了这些村庄是因为这里的居民面临的问题大多是卫生设施破败、无处可居、难以获得干净的饮用水，而这些是我们这样一个关注住房、基础设施和规划的机构能够解决的难题[32]。另一个原因，则是考虑到村庄规模的可管理性、稳定的社会状态、人群在空间内的高度集中，这些都有助于进行大量关键的干预性项目和社区动员。从一系列小项目开始，我们正式踏上了漫长的乡村改造之路，边走边学。

我们最初接到的需求项目之一，是为其中一座村庄的一所学校设计建造一间厨房。基于我们的调研，我混合、升级了当地建材，如石块、瓷砖、木材，改良了当地石匠、木匠的建造工艺。第一个考验我们应变能力的时刻很快就来了。村里的木匠和石匠没法依靠技术图纸完成工作，事实上，他们根本读不懂平面图、剖面图等建筑图纸。我们迅速调整方案，开始与这些工匠共同在现场工作，同时将我们的设计理念即时用三维形态表达出来。最终项目大获成功（见图 2.5）。

为了回应需求，我们还设计了一些经济住房模板，它们耐久、易于建造，能够适用仅 7.6 米 ×10.7 米的小型地块。建造材料主要是当地坚固耐久的石灰石和廉价且便于搬运的预制混凝土梁。这些屋顶承重梁能够让家庭在必要时或资源允许时（如家庭壮大）垂直加建。

图 2.5 竣工后的厨房。我们改良了当地建材，用打磨后的石块、瓷砖、加工后的木材作为基础材料，另外还加入了照明与通风系统。
来源：阿西姆·伊纳姆

我们在桑戈德拉村的工作，是为其筹资建设一座新的日托中心，这里面也利用了改良后的本地建材与建造工艺。我们向旧日托中心的教师了解情况，借助三维模型展示我们的设计，在对话中引发讨论和建议。我们的设计方案是一个 91.4 米 ×91.4 米的结构，选址于村庄人气最旺的主干道旁，搭有高台，上面还架起凉棚。我们花了大量时间来理解这个日托中心的功能，通过和教师谈话来弄清它的需求（见图 2.6）。方案还考虑到了当地气候，因此建筑整体迎向盛行风，也特别设计了遮阴物。

这种设计方法的意义，是让居民最终能够自助。这其中需要运用许多策略，包括深刻理解正在发生的事情、事情转变的方式，成为社区一员并慢慢建立信任，建造能够长期运作的物理基础设施，增强居民的组织能力，增长他们的知识与技能。因此，从范围更广、周期更长的策略角度来看，这些小项目只是向前迈出了小小的一步。

通过这一方法，我们开始共同致力于那些能够被改造的事物。过程中的每一步都充斥着密集的对话，我们也慢慢明白，我们可以提供什么样的服务和资源，而村民的需求又是什么。我们向村庄领导人寻求意见，但也继续驾驶着吉普车探访那些相对偏僻的地方，与村民聊天，参与文化活动，找到他们的问题，让他们认识我们，反之也让我们渐渐熟悉他们。在这个建立共识的过程中，我们常常在田野中开研讨会，针对特定议题做视听兼备的说明，进行非正式的集体讨论，接触其他场所和项目。小型的非正式聚会可以让我们接触到村落中的关键人物，例如石匠或工匠的头儿；而利用大型会议，我们有机会在主要议题上获得最终受益人的一致意见[33]。这些访问的目的就是为了获得中立的观点，在方法上很容易让人想起实用主义原则中提到的知识的社会性构建，即“知识并不是以一种完美无缺的形式存在的，它偶然的试探性的出现只是反映了特定场所或特定时刻的生活需求与实践”[34]。

我们开展了一系列实验性的建筑项目：日托中心、厨房翻新、能够不断扩建的住房、水的排放和

图 2.6 照片中，我正在借助日托中心的模型向教师们解释，这一方案将如何满足他们的需求，例如有一个可进行各自活动的受保护的院子，建筑在方位上迎向盛行风。
来源：阿西姆·伊纳姆

供应系统、有利于改善女性健康状况的其他烹煮方式。灵活多变的工作方法一方面推动、支持着这些实验，另一方面也带来了一些出人意料的新想法，进而逐渐衍生出一些子计划。而作为子计划基础的随机应变的模式，恰好与实用主义思想十分类似。"新项目通常从旧项目中衍生而来。每个项目在完成后都会有一个内部评价，而这个评价的结果就成了下一个项目的重点。"[35] 这种将旧信息注入新方法的模式体现出想法的实验性，这也是实用主义的实践所认同的。与此同时，这些实验并非都成功实现了我们的初衷。举个例子，那种能够不断扩建的经济住房模式并未得到推广，这是因为相比之下，基础设施的建设需要更多的关注和资源。然而，要有效推动实用主义启发下的实验、知识的社会性构建、反基础主义的进程，就意味着应认为所有的结果都有价值并接纳它们。

方法的影响

由于我们采用了一种灵活、开放、实验、基于调研的方法，此后又衍生出了四个子计划，分别应对不同的需求。总体来说，这四个子计划已经越来越侧重于对基础设施的设计。譬如说，1996—2004 年，通过这些子计划建造了近 14 000 处卫生设施，如厕所、浴室、渗水井等，超过 120 个包括雨水收集系统在内的水供应系统，以及近 400 个其他项目，如设计能够阻隔柴火燃烧时排放出的有毒烟雾的厨房[36]。原先项目情况多变的本质也使得之前的工作方法能够有效沿用于克什米尔与古吉拉特邦地区大地震、2004 年印度东海岸的安得拉邦遭遇南亚海啸等之后的重建工程中。这些子计划分别是：多地区修复与重建计划、查谟和克什米尔邦地震重建计划、安得拉邦救济发展计划、古吉拉特邦环境健康改善计划。在下面几节，我对这些计划做了一个简要的总述，同时也会提到最新披露的后续影响。

其中的多地区修复与重建计划，是继 2001 年 1 月地震之后，详细评估古吉拉特邦普杰地区建成环境的破坏程度的第一批计划之一。这个计划包括：[37]

• 为低收入家庭建造了 300 个临时庇护所；

• 提供技术支持，建造了 150 间抗震房屋，翻新了 200 间房屋；

• 建造了 228 间低成本住房；

• 在 30 个村庄推动卫生设施建设；

• 提供必要的支持与引导，以建设基础设施（包括沐浴平台、牛的饮水槽、厕所、浴室、渗水井，以及学校卫生设备）。

第二个子计划是查谟和克什米尔邦地震重建计划。2005 年那场 7.6 级大地震给印度（以及巴基斯坦与阿富汗一些地区）最北部带来了大量的人员与财产损失，该子计划随之开展。灾情最严重的地方是查谟和克什米尔邦的巴拉穆拉和库普瓦拉，受灾的 137 个村庄中，有 95 个在巴拉穆拉县的优里（Uri），另外 42 个在库普瓦拉县的坦格赫（Tangdhar）。这个计划主要涉及培训、建造和重建[38]。

• 为 17 个村庄的 97 名石匠培训抗震施工技巧（见图 2.7）；

• 全权负责重建相对困难家庭的住房；

• 辅助各家完成抗震住房的重建；

• 重建部分公共基础设施（包括翻新了 3 所灾区学校的 9 间教室）。

第三个子计划，安得拉邦救济发展计划，是一个三年期（2005—2007）合作项目，始于破坏性很强的 2004 年南亚地震与海啸之后。计划基于早前加拿大国际发展署与欧洲共同体人道主义办事处的救济，在海啸过后第一时间帮助灾区恢复生计。为了实现这一目的，计划采用的方法是成立一批主动积极的社区自组织以应对自然灾害，同时进行高效的社区干预，与有实力的伙伴机构建立合作关系。这个子计划重点关注灾害预防、健康卫生、亲子教育，开展了以下行动：[39]

• 给 356 名社区成员培训了基本的灾害预防知识；

• 给 34 名成员培训了搜救、急救知识；

• 建立了 3 处气旋庇护中心，两处位于海岸，另一处距离海岸 5.75 千米，用于抵御极端天气；

• 建造了 363 处新厕所；

• 向 3000 个家庭普及了健康、卫生的日常行为；

• 改善了 146 处水源；

• 为 12 所 anganwadi 中心（提供健康关怀的"院落型庇护所"）和一间早教中心引入儿童教学法；

• 成立了母亲委员会，为 anganwadi 中心提供支持。

图 2.7 这个乡村计划的一大特点就在于持续培训更先进的建造技术与建材改良工艺，查谟和克什米尔邦地震多发区的这个例子就是证明。
来源：阿迦汗规划与建设服务机构印度分处

　　第四个子计划，古吉拉特邦环境健康改善计划，由规划与建设服务机构发起，2005—2007 年，帮助古吉拉特邦居那加德县和帕坦县 25 个村庄的约 83 000 名村民。该计划的目标是提高乡村社区的健康状况和生活条件，同时建立一个社区自管理、可持续的综合性系统，以改善卫生条件、保证水源供应。与印度其他地方类似，当地的真实情况是："水、卫生的问题已经导致大量人口死亡，限制了经济的发展、教育资源和生活机会的获取。在印度，由于缺乏安全的饮用水而导致的介水性疾病，仍然是造成五岁以下儿童死亡的最主要原因。"[40] 为了应对这种情况，这个子计划包括：[41]

- 建造了 13 662 处环境卫生设施（厕所、浴室、渗水井、堆肥坑）；
- 建立了 120 个水供应系统（谷坊、雨水收集系统、水井、输配水系统）；
- 开展了 367 个基础设施项目（无烟炉、牛食槽、平台、学校卫生设备）。

小结

正如这些令人印象深刻的图片所展现的，整个乡村计划的工作方法已经对印度村落产生了意义深远的影响。最初计划的方法和框架，也助推了接下来几个子计划的成功。通过设计、研究出总体的而非针对特定项目的方法和框架，多个高效的子计划已在过去的 25 年内令数千名社区成员获益。从某种特殊情况中衍生而来的持续的发展性、灵活性和协作性，继而推动实现了一些更有效的项目，最终获得了村民的信任。

这样一种多层面、跨学科、脚踏实地的方法，能够用于应对复杂而有挑战性的城市现实。在这种情况下，设计就是将一些新想法化为实践，直接介入现实之中。这个乡村计划在三个方面尤为清晰地展现出了与实用主义原则的一致性：反基础主义、知识的社会性构建、实验性。反基础主义认为好的手段能够真正随机应变，而不总是循规蹈矩地套用预设的模板。所以虽然计划的目的只是为乡村贫困人群设计建造住房，我们还是做了大量的田野调研与案例的比较分析，在与居民的交流中把关注点彻底转向了更为急需的基础设施建设。对设计师和城市主义者来说，知识的社会性建构则指出，由于对于某个情况会有不同的观点，应对的关键是在可能采取的行动上获得集体的认同。这种共识的达成对于持久的社区建设、再建设和形成社区民主，也是十分重要的。从这个意义上来说，民主社区并不是经由某个政策、模式或强制措施便可实现的，它是一个需要持续参与的过程（见图 2.8）。因此，这个

图 2.8 我们乡村计划中尤为关键的一点，就是与居民保持对话与合作，尤其与那些在古吉拉特邦各村落的社会经济生活中扮演重要角色的女性。
来源：阿迦汗规划与建设服务机构印度分处

乡村计划只有参考当地需求和管理能力，经过耗时、耗力的集体商讨，才能共同决定最终要做的具体项目。另外，从实验性的角度看，设计和执行这些项目、计划或政策，也是在对影响人们生活的创意方案进行测试和调整。我们在第一个计划中尝试做了水供应系统、卫生设备和排水设施、建筑材料研究和技能培训——这些都在之后的子计划中得到了更广泛的应用，产生了很大影响。

　　就这样，借助实用主义，我们不仅深度思考了这个乡村计划，而且也对致力于城市转型的手段有了更进一步的认识。当然，村落和偏远地区面临的挑战十分特殊（如基础设施的缺乏、资源的难以获取），也有额外的优势（如小规模的社区、便于管理的土地区域）。但重要的是，从乡村计划这样的新手段中，我们已经能够深入理解设计 - 建造 - 转型过程，包括它的成功与失败。而尤其值得一提的是，通过在工作中重视灵活多变和对方需求（即反基础主义），以集体知识和协作行动为基础（即知识的社会性构建），广泛吸收验证各种不同想法（即实验性），这个乡村计划及其子计划在过去 25 年中影响了数千名居民的实际生活。在接下来的 3 章，我会借助案例更仔细地验证这三种源于实用主义的城市主义中的概念迁移，即对象之外：城市作为流体；意图之外：设计的结果；实践之外：城市主义作为政治创新手段。

第三章 对象之外：城市作为流体

在实际情况中，一种十分常见但极为狭隘的对城市主义的理解，就是将其视为一个名词，即某个完整的项目。它可以是一座新市镇（如昌迪加尔）、一个开放空间网络（如弗雷德里克·劳·奥姆斯特德［Frederick Law Olmstead］在波士顿设计的"翡翠项链"，即波士顿公园系统）、一片城市综合体（如北京的奥运村），或是一个总体规划（如阿布扎比的马斯达尔城）。对城市主义理解得稍微宽泛一些的话，也可以认为它是一个动词，即一段持续参与城市发展的过程，从最初的城市构想，到中途的更替与反复、一致认同的实现手段，再到改良、接纳、执行、修正等。城市主义在本质上与城市 - 设计 - 建造[1]这一过程密切相关，它充满了复杂性、不确定性，常常令人难以权衡。

因此，尽管城市可以被设计，与建造、被视为一种三维的物质对象，但从时间这一关键的第四维度角度来看，城市作为一种流体才更加合理，即城市是变动不安的存在。城市主义者用了"流体"这一概念，意在让设计思维学着灵活多变，将项目和策略看作有想法、可调整的实验。这种把城市作为流体的视角，让城市主义者开始重新思考，如何设计出既有一定决定性又可以在内部快速调整的框架，使得城市主义者对城市产生较为深远的变革性的影响。

概念迁移：从对象到流体

真正存在的，不是已经形成的事物，而是正在形成的事物。这些事物，一旦形成，也就死了，因此无数的概念分解物都可以用来给这些事物下定义。但只要你用一丝对该事物的直觉感应，置身于事物的形成之中，你就会立刻得到所有可能的分解物，不再困扰于分辨它们中谁才是绝对正确的那一个。现实在陷入概念分析时凋敝；现实在统一完整时增长——它移动而发展，变化而创生。[2]

透过上面这段文字，我们可以看到实用主义哲学家威廉·詹姆斯在其论著《多元的宇宙》（*A Pluralistic Universe*）中的三个主要观点，事实上大部分也是詹姆斯后期的哲学观点[3]。第一，他声称过程的形而上学，即存在的哲学不是关于事物，而是关于形成中的事物。第二，他坚持现实是有创造力的，是不断成长的，是活着的。第三，他认为我们对现实的理解可以是不断发展的，不同于常规概念分析对现实的停滞不前的理解。这一观点与一直以来的哲学传统格格不入，因为稳定性的价值一直被"柏拉图与亚里士多德的追随者认可，他们相信不变比变化更加高贵而难得"[4]。

类似的想法也出现在城市主义领域，尤其是实践者之间，倾向于将城市视为一种固定的三维对象。常规思维中，城市的塑造基于一种建筑上的愿景，追求以极其详尽的方式描述城市环境[5]。言下之意，稳定的城市生活框架能维持不断变化的城市环境的使用者和城市活动这二者在表面上的连贯性。为了在实际操作中运用这种观点，城市主义者想出了各种技术性方法，例如编写设计指南、规定发展需基于形式、用标识控制活动、将书籍模式化、设计反馈机制。虽然这种观点也产生了一些具有前瞻性的思考和惊艳的视觉效果，但它始终都为某个现象（即城市）预设了一个终点，然而事实上这种现象是变化无常的。因此，这种观点也限制了自我发展的诸多可能。

　　传统实践者对城市主义的主流理解，就是显著扩大的建筑学，这种观点的形成比那些自称为城市设计师的专家们的出现还早得多[6]。举个例子，西克斯图斯五世（Sixtus V）教皇在罗马开展的项目对物质城市的常规概念产生了很大影响。这种对建造一整套宏伟的巴洛克式元素——宽阔的街道、穿城而过的长街、街边有序的建筑立面、街道终止于历史遗迹或广场或公共建筑的追求，在长达两个多世纪的历史中占据了城市设计的主流。这一现象中颇具影响的案例便是奥斯曼男爵规划的巴黎。大道宽阔而优雅，历史古迹被巧妙地插入开阔的景观中，作为视觉焦点，诸如此类。巴黎成了城市生活的典范，它本身就如同一件艺术品，一种美学体验，一场公开表演。奥斯曼男爵的大部分效仿者并不太关注功能性，他更感兴趣的是城市被赋予的城市性和世俗性[7]。在美国，将建筑形象嵌入整座城市的首个成熟例子，就是丹尼尔·伯纳姆（Daniel Burnham）和爱德华·贝内特（Edward Bennett）的 1909 年的芝加哥规划，而这一设计也成了城市美化运动（City Beautiful Movement）的典型案例[8]。

　　尽管本章开头引述的詹姆斯的话中隐含的概念迁移意味着我们将城市视为流体而不是固定的对象，但《多元的宇宙》中另有一段话提出了一种感知的迁移：我们对城市的理解同样应当是鲜活的、灵活的，而不是固定的。换言之，不仅现实在持续变化，我们对它的感知也在不断改变：

　　　　那么，感知流体中有哪些特点在概念转变中被遗漏呢？生活在本质上是不断变化的，而我们的观念却是断断续续、一成不变的。要让这些观念更忠实地反映生活，唯一的方法就是任意在其中假设生活变化的抑制点，有了这种抑制的存在，我们的观念就有可能渐渐趋向与生活一致。但这些观念并不是现实的一部分，不是现实真正的立场，而是设想，是我们自己注意的东西。要想借此挖掘到现实的实质无异于竹篮打水，即便竹篮的网眼无比细密。[9]

　　一些城市主义学者在对城市的理解上也有着相似的看法，尤其是城市历史学家斯皮罗·科斯托夫（Spiro Kostof）的观点：

　　　　城市形式时常被视为一种有限的、封闭的、复杂的事物。我想要强调，我们所了解的并非就是事实；而事实是，无论城市在初步形成时多么完美，它的建造都永无休止。每天大量有意或无意的行为在改变着城市的轮廓，而我们只有在一段时间之后才会意识到。城市的围墙倒了又建；一度清晰的网格渐渐模糊；对角线划过阡陌纵横的居民区；铁轨侵占了墓地和水岸；战争、火灾、高速公路都让城市的精髓消失殆尽。[10]

　　另外，令人遗憾的是，从设计和实践角度来描述城市主义的诸多文献中始终缺少了城市作为流体的认知，但一些来自其他领域的学者已经开始在自己的研究中逐渐倾向这种概念迁移。举个例子，1915 年，英国生物学家、社会学家、先锋城镇规划师帕特里克·格迪斯（Patrick Geddes）提出："城市不仅是空间上的某个场所，更是时间上的一出戏剧。"[11] 或者像地理学家詹姆斯·万斯（James Vance）那样，关注他所谓的"城市形态发生学——城市形式的形成和随之的转型"[12]。尽管城市形态学常常被简单地视为城市的物理形态，万斯却对过程提出了质疑：社会如何创造并改变城市的物理构造？在他的论著《抓住地平线》（*Capturing the Horizon*）中，万斯追溯了现代交通方式的变化，从运河、铁路、城市运输，渐次发展到航海、航空等。对每一次创新，万斯都举出了六个阶段的历史循环，包括实验、正式启动、放大与推广、归纳总结、普遍化和缩减成本。

　　另一位地理学家戴维·哈维，在讨论"一种空前规模的场所破坏、侵占和重构"的过程时，则更加清晰地描述了作为流体的城市，指出这是源于"生产、消费、信息流动、传播等不断变化的物质实践，以及资本主义发展中空间关系和时间界限的彻底重组"[13]。哈维也指出，生产过程中的科技创新与消费等级的进一步分化，如何加速了商品（包括建筑）的生产、废弃和再生产[14]。事实上，在他早期论著中，他就将城市作为一种手段而非发展的最终状态，因为他认为生产是由资本积累驱动的："城市进程暗示着新的物质性的服务于生产、流通、交易和消费的物理基础设施的出现。"[15]

　　在全球层面上，社会学家曼纽尔·卡斯特完善了哈维的分析，他认为城市是汇集了各种流动的空间：

　　　　这个结合了国际的工业发展模式的全球资本主义体系新空间，是一个可变化的几何空间。它由诸多地点层级分布于一个持续变化的流体网络中而形成，该网络包括了资金、劳动力、生产要素、商品、信息、决定、信号的流动。[16]

　　有趣的是，跳出了传统马克思主义的分析同样将城市视为流体。例如对当代全球房地产发展的专业观察就将城市房地产描述为一个灵活多变的过程：

　　　　这些巨大的塔楼不过是占位符，暂时将未来的瓦砾整理到了一起。纽约的生活哲学就是，创造性毁灭。唯一永久存在的房地产，就是那一小块土地和上方的空气。剩下的，全部可以用后即弃。[17]

　　于是问题来了，"城市作为流体"这一概念是如何切实地表现在物质城市中的呢？科斯托夫这样形象描述了这种物理表现：

　　　　那些由住房、历史古迹、坚固城墙等组合起来的空间秩序已经逐渐走向瓦解，这或许是源于一代代看似无伤大雅的修修补补，譬如罗马；也可能是大量干预、刻意翻新带来的结果，譬如奥斯曼主持重建的巴黎。近年来，当代战争巨大的破坏被视为一次机会，来实验城市设计的流行趋势：少了战争，通向相似结果的大规模拆迁也可以得到法律允许"。[18]

另外，"相对私人地产的拥有者和使用者在日常生活中对这些建筑做了上千次改动，城市形式转型远没有那么剧烈"[19]。与之相似的，在安妮·穆顿（Anne Moudon）的论著《为改而造》（*Built for Change*）中，她记录了旧金山本土建筑经历的不计其数的改造。而微观层面的城市改造，已在世界一些历史悠久的城市持续了数个世纪，尤其是在亚洲[20]。

还有一些城市主义学者，如加里·哈克（Gary Hack），认为是流体出现在城市中，而不是城市作为流体：

> 新技术的出现瓦解了环境以前稳定的面貌。建造出能够瞬时改变的让人摸不着头脑的建筑立面已成为可能；这些立面可以用于艺术或商业目的。植被覆盖的建筑立面可以随季节更换植物，淡化建筑与景观之间的界限。交通工具可以变成巨大的移动广告牌，那些不断变换的广告牌无须受到任何标识牌限制就可以在城市大街小巷中穿行。城市街道因节假日和重要活动而改变，成了展示城市生活的舞台。在如今的快速消费时代，人们不断追求感官刺激，视觉媒体占据主流，于是流体提供了一种加深场所印象的有力手段。[21]

尽管哈克和其他人的可贵研究已经指出了城市流体时间和空间尺度的问题，我们在本章的重点是，思考城市如何在数十年或上百年而非几周或几个月的时间尺度内持续变化。

一些理论家和实践者已经试着寻找这个问题的答案，他们站在更加积极、长远的角度上，认为整个城市是一个随时间演变的整体。譬如说，在《城市设计新理论》（*A New Theory of Urban Design*）中，克里斯托弗·亚历山大及其同事提出了一种归纳性的设计方法，比起规划示意图展现出的城市最终形式的特性，这种方法更侧重于关注城市形式如何通过一群合作者逐渐展开的行动一步步形成[22]。他们还制定了城市增长的七条准则，包括了零碎增长、较大整体的增长、视野、积极城市空间、大型建筑布局、构造，以及中心的形成。一方面零碎增长控制了增长的幅度，另一方面，空间元素的分配、土地使用的多样性，以及较大整体的增长这一准则，也都决定了辨别、推动新兴整体的方法，譬如让它们成为物质城市中的大尺度标志（如主干道、公共广场）。在亚历山大看来，这些标志是相继出现的。不过，后来亚历山大自己也表示，书中的视角仍然过于侧重普通的空间产物，对城市主义的过程，如社会互动、场地评估、财务安排或是建造顺序，没有给予足够关注[23]。

组合论的学者则更加接受这一概念迁移，他们认为：

> 改变必然不能被视为组合的特性，反而是组合应当被看作是改变的一种自发特性。改变在本体上是优先于组合的——它限定了组合的可能……组合试图规范人类行动的内在流动，将它导向某个终点，给它一定的形态……与此同时，组合是一种由改变构成、塑造、衍生而

来的模式……组合意在遏制改变，却也是改变的结果。[24]

这种分析与哈维对于城市和资本循环的观点惊人相似，哈维认为城市在很大程度上就是资本生产体系不断变化的结果。此外，我们必须考虑其他要为改变城市本质负责的过程，包括政治决策、制定和执行政策的方式、社会文化规范的发展。例如，城市如何被视为一个充满机遇和可能性而不是危机和险情的场所。

如此讨论所得到的结果是，那些致力于城市转型的人们需将城市作为流体这一概念视为持续的进程和改变、一连串的互动和源源不断的具体行动。一种令这一概念落地的方法，便是让城市主义和其他行动者通过实践跳出自己的习惯区域，试着面对突发事件、故障、例外、机会，以及无意造成的结果。这样做的意义在于，城市主义者能够在三维的物质性以外，主动认知并积极介入作为流体的城市。但实现此意义也存在两方面的挑战：第一，如何调和这种概念与感知世界稳定性的本能需求；第二，调和城市主义者常因过往设计训练而产生的、从基本固定的物质角度看待干预的需求。接下来的案例分析展示出了几种不同的可行方法，这些案例分别是巴塞罗那奥运村、开罗爱资哈尔公园、波士顿的MIT实验设计工作室。

巴塞罗那奥运村

虽然建成于1992年的巴塞罗那奥运村常常被视为一次较早的对城市对象的三维设计，但事实上，它正是巴塞罗那长时间的城市转型过程的一部分。过程中两个时间点尤其影响深远：1888年，世博会的举办彻底再设计了巴塞罗那的部分地区，此后利用重要国际活动彻底再设计城市这样的经验便一直延续至今；1976年，总体都会规划（General Metropolitan Plan）拉开了一个时间更久、空间更分散、更加正式的规划进程的序幕。奥运村项目是1992奥运会总体准备阶段的内容之一，主要分布在以下四个地点，各地点之间由一条大环路连接，即二环路（Cinturó de Ronda）：[25]

- 蒙特惠奇山上的奥林匹克公园（Olympic Ring，主要赛事举办地），位于老城西南；
- 奥运村和港口，位于老城东北处的波布里诺（Poblenou）；
- 瓦尔德西布伦（Val d'Hebron），位于老城西北山丘之间；
- 对角线大道沿路地区，市中心正西南。

奥运村总体规划的设计方为私营建筑事务所MBM Puigdomènech，主要的建筑师有奥里奥尔·波伊加斯（Oriol Bohigas）、戴维·麦凯（David Mackay）和艾伯特·佩格多门尼赫（Albert Puigdomènech）；执行方为1986年成立的公营的奥运村股份公司（Vila Olímpica Societat Anònima）[26]。1992年刚落成时，奥运村被命名为Nova Icària，但今天更多人还是称这个项目为Vila Olímpica（奥运村），而它所处的地区被称为波布里诺。

这个被选为运动员住所的地点位于巴塞罗那废弃的工业港口，最终给市民们提供了一条不太寻常但备受期待的通往大海的途径。此外，波布里诺曾是 19 世纪发展起来的老工业区，充斥着工厂和工薪阶层住宅，也是巴塞罗那乃至整个西班牙的工业革命中心之一[27]。在奥运会之前，波布里诺区内最多的莫过于荒废的工厂和仓库。通过拆迁建筑、清理轨道、重新安置相关居民等方式，这个区域完成了它的华丽转型。如今，波布里诺已经是巴塞罗那市内的一个新居民区了[28]。

设计奥运村

尽管奥运村的建设在名义上是为了奥运会的举办，譬如建造 2000 套公寓以容纳 15 000 名左右的运动员与工作人员、利用附近的港口设施为帆船类比赛提供服务[29]，但事实上，它另一个重要的目的，则是借此机会对这处衰败的地区进行重建，让这片已被严重污染、沙滩不再的地中海海岸换上新颜[30]。1987—1989 年，波布里诺一处未充分使用的铁路车场（包括一些连接海运的基础设施）被征用并清除，仅保留了一条沿海铁路线。市内排水和暴雨溢流系统大范围升级，并延伸到了这一带，以预防洪涝和水污染。借助一系列伸入海中的堤防，利用大量沿岸漂沙，重新整理出了近 4.8 千米的沙滩。该地区近一半的面积用于建设公园，公园大部分沿着海岸线集中在沙滩后方。滨海环路（Ronda del Litoral）作为外环高速公路建设工程的一部分，有些路段刚好从后方经过沙滩，有些则落在人行天桥下方，都尽可能紧密地将城市与海岸连接起来。

奥运村由三个主体部分组成：毗邻的住房和商业用地；各种各样的城市、滨水、景观化的开放空间；升级后的基础设施，尤其在交通、供水、排水系统方面（见图 3.1）。这些都会在后面的小节中展开介绍。

两家公私合营的公司负责建造了 2000 套用以容纳运动员的公寓，到 1996 年就被全部售完[31]。一个有趣的现象是，这些公寓的购买家庭中，有身体残疾者的家庭的占比大大超出了常规均值。这种特殊的吸引力源于奥运村也曾服务于残奥会，所以整个地区的设施对残障人士而言非常便利舒适。一项在奥运会之后的研究还表明，目前奥运村近 6000 名居民中，大部分在城市平均年龄以下，财富却在平均值以上[32]。不过，从 2010 年我参观奥运村并在那里待了整整两天的体验来看，大部分居民，包括有孩子的家庭，收入都相对一般。

住宅街区在布局上结合了目前常见的线状分布与较为传统的半围合式聚落。约 48 栋住宅楼中，本地 38 家建筑公司负责建造了大部分，占地约 60.7 公顷，都能满足 MBM Puigdomènech 总体规划中一些特殊的体量要求[33]。高度都在 7 层左右，给邻近街道空出了足够的公共空间，也延续了扩展区（Eixample）建筑的形态。扩展区是介于巴塞罗那老城和昔日周围小镇之间的一个行政区，建于 19 世纪和 20 世纪初，由富有远见的规划师塞尔达（Ildefons Cerdà）设计，有着笔直的街道、贯穿网格状街区的宽阔大道、带有切角的四方形街区。然而，比起扩展区，奥运村的大部分城市街区则显得开

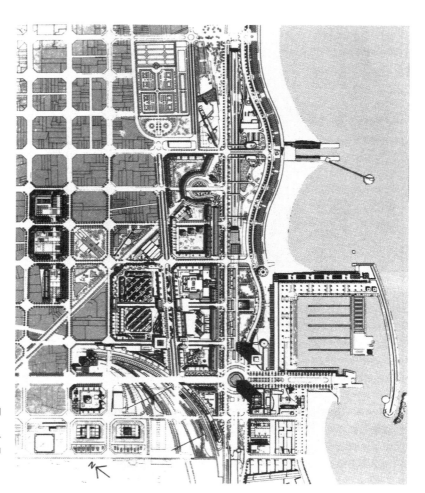

图 3.1 奥运村平面图,可以看到右边是新的港口、码头和沙滩,中间部分设计为带有庭院的围合式住房,二者之间有许多公园和公共空间。
来源:《建筑实录》杂志

放得多,还用各种绿植和铺砖做了过渡景观(见图 3.2)。在这些半围合式的聚落中,各种类型的住房得以出现。

除了住宅区以外,现在的奥运村还有 200 家商铺,销售商品或提供各类服务[34]。其中就有一个大型购物中心"森特德拉维拉"(Centre de la Vila),内有一家食品商店和一家拥有 12 块屏幕的影院。这一带包括了 26 家食品店、13 家鞋帽服饰店、24 家家用商品店铺,剩下 36 家商铺则涵盖了各类产品。服务性商铺包括餐厅服务,以及公司、金融等方面的专业服务。总之,这些日常活动为该地区带来了约 5000 个工作岗位,其中约 3000 人的工作地点是俯瞰港口的高楼之一密夫大楼(Torre Mapfre)。密夫大楼是两栋 100 米高的双子楼之一(另一栋现为酒店),这两栋高楼被设计为标志城市与大海交汇

图 3.2 奥运村的大部分新公寓楼是围着中央庭院而建的高度适中的多层建筑，可以有效应对当地的地中海气候。

来源：阿西姆·伊纳姆

的门户（见图 3.3）。因此，奥运村是一个以住宅区为主，整合了庭院、景观，以及一系列为吸引就业的零售和商务区的真正的城市社区。

奥运村第二个主体部分是公共空间，也是巴塞罗那历史传统的一个缩影[35]。这里有大道、大街、城市花园、雕塑，以及大量同样可见于该市其他地方的街道装置。公园和花园系统的构思基于双重基础：较大的服务于整座城市的公共公园位于滨海住宅与海岸之间（见图 3.4），而较小的供居民使用的内部花园通常在建筑街区里面，是属于各个街区居委会的半公共空间[36]。

约 4.8 千米长的海滩沿着奥运村东南边缘延伸，一排码头保护着沙子不被洋流带走。奥运港口能够停靠约 1000 艘船，岸边宽阔的滨海步行道上则开设有咖啡馆、餐厅及其他设施[37]。海边公园是全新的设计，它区分了不同的街边环境，让人自在地在林荫道下或正前方的沙滩上漫步。自 1993 年以来，奥运村滨海区的海滩就成了巴塞罗那最受欢迎的地方之一（见图 3.5）。巴塞罗那海滩每年迎来约 500 万游客，而其中去诺瓦伊卡里亚（Nova Icària）、波加特尔（Bogatell）、马贝拉（Mar Bella）三处海滩的游客就超过 300 万人，当然这与靠近地铁站不无关系[38]。海岸线和城市原先的边缘地带也正在迎来巨大的机遇，这也是巴塞罗那的新特征。整个项目中最有趣的景观之一，就是奥运村东端的波布里诺

图 3.3 奥运村滨水步道上的标志性雕塑《鱼》，出于建筑师弗兰克·盖里之手。至于充当其背景的两座高楼，左边是一家酒店，右边则是一栋写字楼。
来源：阿西姆·伊纳姆

图 3.4 介于左边住宅区和右边滨水步道之间的带状公园提供了开阔的公共开放空间，社区居民可以来这儿走走。
来源：阿西姆·伊纳姆

图 3.5 新建的奥运村海滩凭借其出色的公共交通连接性和周围零售商铺（如咖啡馆、餐厅）的配套设置，令整座城市获益。
来源：阿西姆·伊纳姆

公园与拉马贝拉（La Mar Bella）体育中心。这一中心曾在奥运会期间作为羽毛球比赛场地，如今则成了波布里诺的区图书馆和档案中心。

第三个主体部分是对基础设施的投资，例如二环路，这可能是对巴塞罗那整体影响最大的一项工程 39。这条新的城市高速公路，部分路段经过海滩后方，部分落在俯瞰着四周绿地的人行天桥下面。这一环城高速的建设，是交通工程师、建筑师和其他相关学科人员之间的一次合作性尝试，并没有像以往那样，只是给已经开工或竣工的主要交通路段做一些锦上添花的事情。这次合作产生了许多颇具创意，有时甚至令人惊叹的结果，而这只是因为设计可使用的公共空间时，加入了注重使用者感受的道路工程、尺度适中的景观建筑和便利的通勤设施（见图 3.6）。

除了二环路之外，另外还有两个因奥运会而进行的覆盖主城区的基础设施改善项目，即对机场和位于科尔赛罗拉（Collserola）山顶的俯瞰巴塞罗那城的信号塔的改造和扩建。此外，为使奥运村项目顺利开工，一条沿着海岸线的铁路被迫拆除，新的铁路线取而代之。全城排水与暴雨溢流系统升级，并延伸到了这一带，以预防洪水、遏制水污染 40。

图 3.6 从住宅区通往滨水区的人行通道，位于二环路之上，与周围公园环境交融。
来源：阿西姆·伊纳姆

　　总之，奥运村可谓是巴塞罗那城市主义策略运用的最佳典范[41]。奥运会之前，这个村庄属于郊区，但巴塞罗那规划者将它纳入城市范围，替代废弃的工厂，彻底改造原先的工业区，连通整个城市和海岸。巴塞罗那已经与一度丰富了城市生活的港口分开了数百年，这个以新增一区强行辟出道路通往海岸的妙计，不仅收回了这片滨水区，也改变了巴塞罗那曾经对地中海地区敬而远之的态度。此外，下水道线路得到调整，海水水质也提高到了能够游泳的程度，海滩上的废弃物被清理一空，棚屋（包括一些备受欢迎的海边老餐厅）也被拆除。回顾整个项目，有许多批评声指出，项目没有完全把握机会使当地的贫困人群直接获益[42]。然而很明显，整个城市及其所有市民已经开始享受到这些经过再设计的公共设施、新水岸、公园、住房，以及巴塞罗那国际新形象的刺激下与日俱增的旅游经济收入。奥运村开发项目最鲜明的特点在于，新创造的公共空间已经被城市各个角落的不同人群接受，也因为他们而生机盎然（见图 3.7）[43]。

　　除了设计策略的物理方面和以对象为导向，令城市主义显得如此有效的，就是对整个过程的设计与管理。举例来说，总规划师力劝政府从不同方面对私人开发商进行组织控制，因此，巴塞罗那政府要么买下土地，再签订 50 年至 80 年不等的租约（至少免去了对所属土地的资金投入，还能够从所有权持有方的角度对所建之物进行严格控制），要么控制那些还未进入规划范畴的土地的开发[44]。规划

图 3.7 在这座作为流体的城市中，人们可以不断察觉到奥运村的设计和整个进程产生的连锁反应。例如图片中这个建于奥运会结束之后的大型城市公园，尽管它位于奥运村外围，但朝向海洋的一面仍有着开阔的视野。

来源：阿西姆·伊纳姆

师还反对典型过度开发的奥运规划方案，把目光聚焦在基于城市目前结构来发展的地区，并且将资源集中到最需要的地方[45]。这些介入城市 - 设计 - 建造过程的方法并不是尝试创造什么全新的事物，而是为形成中的城市增色。

这些设计策略最终产生了多种层面的影响。其一，对奥运村的 20 亿美元投资（所有奥运会设施的成本达到 70 亿美元）带来了整个巴塞罗那公共和私人共计超过 80 亿美元的投资。其二，奥运村让今日的巴塞罗那有了一处靠近市中心且服务完善、运转顺畅的地中海沿岸度假区[46]。其三，奥运会带来的虽不明显但极其重要的影响，就是主办一场世界媒体盛会所必需的城市技术与通信系统的升级。这些改进，对于这座行政中心之城的未来发展都有着深远的意义。

奥运村作为百年大计

这个奥运村在传统观念里被视为一组独立的对象，这出于两个原因。第一，1999 年英国皇家建筑师协会将金奖授予巴塞罗那，一个通常颁发给个体设计师的奖项却给予了一座城市，这是史无前例的。该奖项肯定了市议会围绕城市主义和公共建筑的创新举措、各种令人瞩目的地标项目、小规模改造广场与街角、开展政治家与城市主义者之间的团队合作[47]。第二，尽管巴塞罗那城市主义的独创性、规模、抱负和执行力都可圈可点，但奥运村内由住房和公共空间构成的大部分城市肌理都比较普通甚至有些乏味。针对此项目的三维物质性的批评，大多是抱怨高度没有变化和建筑水平延伸的单调感，以及没有更多大体量的恢宏的建筑结构[48]。

然而，透过城市作为流体这一概念来分析，可以看到奥运村实际上不仅是一组已设计建造完工的对象，还是可以追溯到 1888 年的特定的城市主义进程不可或缺的一部分。巴塞罗那曾两度因国际重大活动而在城市发展中投入大量精力[49]。一次是 1888 年的世博会，城堡公园一带曾作为举办地，这次世博会让这座城市有信心在它中世纪城墙之外继续发展，也为真正执行 1859 年塞尔达设计的城市规划方案提供了动力。之后一次是 1929 年世博会，为此蒙特惠奇山被改造成了一座文化公园，试图将塞尔达设计的中心城市与周围村落连接起来。世博会展现出巴塞罗那在西班牙首屈一指的制造业中心地位，但城市真正收获的，反而是当时建造的林荫道、公园、建筑、广场等[50]。因此，一百多年来，巴塞罗那一次又一次调用资源来打造城市，以举办各种国际重大活动或比赛：1888 年世博会、1929 年世博会、1952 年圣体大会（Eucaristical Congress）、1992 年奥运会[51]。

除此之外，为了全面理解奥运村的设计、建筑和影响，我们必须将这个项目放在巴塞罗那市议会城市规划研究办公室前负责人胡利·埃斯特班（Juli Esteban）为巴塞罗那转型而发起更大型的城市项目这一背景之中[52]。埃斯特班将 1976 年，即总体都会规划（加泰罗尼亚语为 Pla General Metropolità 或 PGM）通过的那一年，视为规划进程的正式起点。1976 年的 PGM 覆盖了巴塞罗那和周围的 26 个区，其起源则是更早的 1953 年的规划，这是第一次面向整个都会区的规划方案[53]。PGM 给出了一个新的合法的规划框架，包括明晰的公共空间和路网的组合、留出大块土地以建造公共设施和绿色空间等。在过去的 50 多年中 PGM 被修改过无数次，但直到今天，它依然在发挥作用。

在巴塞罗那正式规划进程中，另一个有着特殊意义的时间是 1979 年，这是在弗朗西斯科·佛朗哥独裁数十年后民主政权的发端，就在第二年奥里奥尔·波伊加斯被任命为巴塞罗那规划负责人。波伊加斯立刻着手规划，对新获得的土地进行设计。他如催化剂一般促使大量年轻建筑师走到一起，最终共同设计了约 200 个项目，包括公园、广场、学校和其他公共设施[54]。在坚持社会主义的市长纳西·塞拉（Narcis Serra）的领导下，1978—1982 年，通常饰以雕塑或壁画的 100 多处公共空间被巧妙植入管理松散的郊区，以创造当地的活动中心，令地方更具可识性。这是一个贴合现实、此时此地、亲身实践的小规模城市行动，改造者选取可行的空间，采用合理的方案，绝非追求不切实际的理想的乌托邦[55]。正是在这样的城市转型期，巴塞罗那于 1982 年第一次提交了申奥文件，1986 年就被国际奥委会选为 1992 年奥运会的举办地。

对"城市作为流体"的长期投资

如果说奥运会能为城市再生做什么，巴塞罗那已用实际行动表明了一切。举办 1992 年奥运会的全部费用的 83% 被用于提高城市性能而非服务体育项目，例如延伸地铁系统，重新铺设沿海铁路线，重新设计、扩建机场，建立现代化的通信系统。总体来说，共在不同地点（包括奥运村）建造了 4500 套新公寓、5 处大型新办公楼、大量文化设施（尤其是博物馆）、5000 间酒店房间。同样重要的是，市民因此获得了 4.8 千米的海岸线和新海滩[56]。事实上，学者们也坦言，1992 年奥运会"很可能是奥运会推动城市变革与更新的最好案例"[57]。

奥运会之后，随着旅游业和其他相关产业的发展，这座城市的活力、舒适与时尚越来越广为人知，游客蜂拥而来甚至在此旅居[58]。相应的文化生活在品质上也得到了提高，尤其是奥运会结束后几处重要场所的落成。巴塞罗那当时的城市特色比任何时候都来得鲜明。奥运会之后，城市管理能力得到肯定，巴塞罗那的国际声望也与日俱增，不仅人们普遍认同这里能提供良好的生活品质，对国际投资者而言这里也充满了机遇。要充分利用这一国际新地位，意味着巴塞罗那必须放眼欧洲甚至全球，了解其他地方的基础设施建设：机场、港口和根据规划建设的高铁。与此同时，奥运会，尤其是奥运村的规划，有助于满足给全市各种社区团体提供正式保护的巴塞罗那居民联合会（Federació d'Associacions de Veins de Barcelona）在改善和增加公共空间、提高环境质量等方面的需求[59]。

尽管奥运村项目在很多方面都表现得非常出色，但它仍然缺乏变革潜力。就在 1986 年巴塞罗那被提名为奥运会主办城市前不久发生的经济危机，也影响了城市在部分项目的执行能力。举个例子，尽管巴塞罗那前市长帕斯奎尔·马拉加尔（Pasqual Maragall）保证奥运村将会用作公屋或保障性住房，但私人部门在筹备期进行土地清理和购买土地以开发建设的行为消耗了大部分的市议会预算，以至于新建住房不得不对自由市场开放[60]。政府的初衷是，至少有一部分公寓仍能以低于市场价格出售，但实际上它们的售价甚至还远远高出城市其余地区的平均价格，而这些都源于私人部门的市场压力[61]。但与此同时，公共/私人的伙伴关系又是整体运作成功的关键。虽然大部分房地产投资是出于私人目的，在设计和管理上基本都是公共的，这里尤其要指出当时社会普遍不信任本地政府的工作能力。奥运村设计团队也同样值得赞赏，因为他们持续不断地尝试介入城市。在 MBM Puigdomènech 的总体规划之后，第二阶段的具体街区尺度的设计就交给了阿马多和多梅尼克（Amado & Domènech）、巴赫和莫拉（Bach & Mora）、博内尔和里乌斯（Bonell & Rius），以及 MBM 团队。这样做的目的，是希望在最短时间内再现传统城市的多元化与一致性[62]。最终，物质城市的肌理在传统林荫大道的基础上，还加入了充足的光线、空气、开放空间等，营造出了舒适的城市环境。

开罗爱资哈尔公园

开罗是一座拥有 1800 万人的城市。这座占地 30 公顷的公共公园，爱资哈尔公园（Al-Azhar Park），就坐落于城市东部，靠近爱资哈尔清真寺。数百年来，生活和建筑垃圾堆在公园原址上，甚至堆出了一座 40 米高的垃圾山（Al-Darrassa Hills）。2005 年，在耗费 3000 万美元清理打造之后，这座公园正式向公众开放。整个项目的前期总体规划由波士顿佐佐木（Sasaki）联合事务所执行，最终的

图 3.8 爱资哈尔公园的设计结合了伊斯兰花园的悠久传统与其所在城市的特性。举个例子，游人的视线可以穿过中央大道，一直落到开罗重要的历史古迹上。
来源：阿迦汗文化信托基金会

景观建筑设计方为开罗 Sites International 公司，总负责人是马厄·斯蒂诺（Maher Stino）和莱拉·埃尔马斯里·斯蒂诺（Laila El-Masry Stino）。另外，公园内的三栋建筑（城堡观景餐厅、湖畔咖啡馆和入口大楼）的设计则是选自于埃及国内外 7 家建筑事务所的提案。城堡观景餐厅由埃及建筑师拉米·埃尔达翰（Rami el-Dahan）与索希尔·法里德（Soheir Farid）设计，湖畔咖啡馆项目的设计则交给了巴黎的瑟奇·桑特里（Serge Santelli）。

这座公园的设计目的是令这一地区的平地和丘陵、正式和非正式的种植模式、平坦集中的地块上的繁盛草木和面向城市的斜坡上的干燥空地相映成趣[63]。公园的正中央是一条线状大道，足有 7.9 米宽，中间有一条景观水渠，贯穿了整座公园[64]。公园北端有一家山顶餐厅和咖啡馆，这里可以远眺南端的古老城堡，视野极好；而在南端稍稍偏离中轴线的地方还有另一家餐厅——湖畔咖啡馆。当你沿着大道漫步在两侧高大的棕榈树下时，你会经过一系列与大道相垂直的花园。这些花园里有流水、喷泉，显然受到了传统伊斯兰花园的影响，如西班牙的爱尔汉布拉宫、印度的莫卧儿花园（见图 3.8）。这条中轴线之后就朝着老城区的宣礼塔，一直延伸到下方大块低地平原上的一面小湖。在较规整的区域四周，纵横交错的小径通往不同高度的各个角落。如此结合多种元素，整座公园充满趣味。

设计过程的演化与适应性

这个公园项目的设计演化过程，正如下面几节所描述的，对于理解设计结果和后续影响十分重要，而且这个过程也展现了作为流体的城市关键的一面：城市 - 设计 - 建造过程总是在适应变化的环境与各种新发现。爱资哈尔公园项目的发端要追溯到 1984 年 11 月，当时阿迦汗建筑奖组织了一场名为"扩张中的都会：如何应对开罗的城市增长"的会议，会上阿迦汗殿下宣布要为开罗市民建造一座公园。阿迦汗殿下是一位富有激情的领导者、投资者和慈善家，其先辈在 973 年的法蒂玛王朝时期就建立了"胜利之城"（al-Qahira，即开罗）。执行这一公园项目的是阿迦汗文化信托基金会，它成立于 1988 年，总部在日内瓦，是一个私立的、非宗派性的慈善基金会。

在 20 世纪 80 年代就进入筹备的公园项目却在执行时遭遇延期，原因有二。首先，必须迁走 Al-Darrassa 区域的原占有物（即隶属于开罗警方的马匹围场、大承包商的仓库）；其次，由于这里是开罗市中心最后一处未被使用的空间，大开罗水供应总署声称将在美国国际开发署的资金援助下在此建造三个大型水库 [65]。

1990 年，项目重新启动。这是因为开罗省政府与阿迦汗信托基金会达成了共识，决定将水库建设融入整个公园的设计之中 [66]。1995 年，就在水库竣工前，佐佐木联合事务所又进一步制订出一个新的总体规划方案，包括整体调研复杂的土质情况、进行园艺方面的测试与初期苗圃培育。1996 年，当阿迦汗信托基金会从开罗省手中接过这个地块的时候，基金会的历史古城支持计划（Historic Cities Support Programme）又采用了更为全面的方式来促进城市复兴。地块的总体评估与正式动土始于 1997 年，在对整个公园的细节设计上，始终坚持最大化利用原址。

公园本身的设计 - 建造过程充满了挑战，它需要设计师巧妙地化解难题，整个设计过程也要高度灵活 [67]。技术性的问题包括如何改善土地盐碱度、如何将三个服务于开罗市的大型淡水水库嵌入公园之中。这三个水库中每个直径为 79.3 米，深度为 13.7 米。建造者还需要将积攒了 500 年之久的垃圾填充物清理出去（见图 3.9），而这一大规模的清理工作，相当于搬运 80 000 多车的泥土和瓦砾。此外，与那些用重型机器堆压的垃圾场不同，这里的垃圾只是被随意丢弃，导致多处土质难以预测，极其松散。因此，公园建筑下方都使用了筏形基础，土壤最上层用 2~3 米低盐碱度的沙地取而代之，黏土垫与地下排水系统也有效防止了渗水及其带来的土地沉降。

公园设计方案的推进还需要其他方面的创新和灵活调整。作为设计景观的主建筑师之一的马厄·斯蒂诺曾说过，从长椅、照明设施到路桩，"公园内的各类装置基本上都是由本地手工艺人与工匠完成的" [68]。他也解释道，由于埃及少有大型景观建筑工程，"在埃及没有任何景观设施制造商或是能够提供我们所需苗圃的专门的花木场" [69]。但到最后，他们还是成功地将这些挑战化为了机遇：美国大学开

图 3.9 爱资哈尔公园的选址极具挑战性，因其前身是开罗一处位于高密度、低收入者的老住宅区中央的垃圾倾倒场，该项目的设计也因而备受瞩目。
来源：阿迦汗文化信托基金会

罗分校提供场地，建立起一个场地外的育苗场；直接在邻近的达布阿玛（Darb Al-Ahmar）地区制造所需设施。

空间产物、短期过程和深远影响

这个项目之所以注定不同于常规的公园建设，首要原因就是该地区的历史价值。场地西侧斜坡一直连接到历史悠久的达布阿玛地区，在这一带开展大规模整理土地的工作时，人们发现了开罗中世纪的阿尤布城墙（Ayyubid Wall），这还是早在 1176—1183 年撒拉丁大帝为防御欧洲军队而下令建造的。这道城墙长约 1.6 千米，有多处塔楼、地道，城门也仍维持原样，是过去十年来与伊斯兰王朝的埃及有关的最重大的考古发现之一（见图 3.10）。城墙的修复工程始于 1999 年，到 2007 年年底结束，最初的城门如今成了从达布阿玛地区进入公园的一道主门。

图 3.10 随着阿尤布城墙的发现，最初的景观建筑项目逐渐转变为历史保护项目。图上右侧即为城墙，左侧挨着爱资哈尔公园。
来源：卡琳·斯威尼（Caryn Sweeney）

爱资哈尔公园项目最重要的时间和空间流体就在达布阿玛内。达布阿玛位于公园西缘，拥有 10 万居民[70]。这个地区的特性反映了整个开罗的面貌：家庭收入低、住宅条件恶劣、历史建筑长期受损、城市基础设施少有定期维护、公共领域的投资不足、重要社区配置和服务的缺位等等。另一方面，这一区也有显著的优势和机遇，例如以行人为导向的多功能土地利用的整合、拥有众多中世纪伊斯兰建筑和古迹、有一个高密度的居住核心、是大量能工巧匠和小型作坊的重要聚集地、社区成熟（超过 60% 的居民在此生活了 30 余年）等[71]。住户彼此挨得很近，许多木工和金属工艺的小作坊都紧邻着工匠自己的家；而 65 处登记在册的古迹、与数百处尚未登记却有着 200 多年历史的建筑沿街排列。

阿迦汗信托基金会开罗分部的城市规划处前负责人西夫·埃尔-拉希迪（Seif El-Rashidi）提出，随着公园项目的推进，基金会也逐渐意识到这座公园与这一地区是不可分割的整体[72]。举例来说，远望该地区——尤其是其中的宣礼塔——将会是游览公园时视觉体验的一部分。另外，在与世界文化遗产基金会（World Monuments Fund）与其他基金会（如福特基金会、瑞士-埃及发展基金会）的合作下，阿迦汗信托基金会投资对该区域一批重要的伊斯兰建筑进行修缮与维护，这里面有 14 世纪的乌姆苏尔坦沙班清真寺（Umm al Sultan Shaban mosque）、卡耶贝克（Khayer Bek）建筑群（包括一座 13 世纪的宫殿、一座清真寺和一栋奥斯曼时期的住宅），以及达布舒格兰学校（Darb Shoughlan School）。针对这些项目，信托基金会明智地与埃及古迹最高委员会、瓦克夫部（Ministry of Awqaf，即宗教慈善）建立起伙伴关系，前者是埃及所有古遗迹的管理方，后者则是众多古遗迹的实际所有者与使用者[73]。

公园项目在本质上的微妙变化进一步带动了其他历史文物修缮工程的开工，这主要源于以下这些最初的努力。当工作团队还在致力于乌姆苏尔坦沙班与卡耶贝克两座清真寺的修缮时，当地居民就前来询问能否一并修缮 14 世纪的阿斯拉姆希拉达（Aslam al-Silahdar）清真寺[74]。随着项目接近尾声，已可以明显看到，一度遭到毁坏的公共广场阿斯拉姆广场（Aslam Square）及其对面的商铺也亟待修复。阿迦汗信托基金会向那些抱着怀疑态度的商户支付了一笔钱（约等于他们 3 个月收入）以弥补工程期可能导致的经济损失，并说服他们参与到项目中来。接着，阿斯拉姆广场的重新亮相吸引了政府官员的注意力，他们鼓励信托基金会继续做下去，于是更多项目随之而来：开罗老城区博物馆，一处令爱资哈尔公园经济可持续的商业综合体，一个包括地下停车场、商铺、文化设施在内的休闲广场，广场可以连到与阿尤布城墙最高处平行的一条灯光大道。

值得一提的是，在整个主动投入的过程中，社区里的年轻人接受了与修复相关的技术培训，例如石块工艺与木工，而这些恰恰

图 3.11 在紧邻爱资哈尔公园的低收入者居住的达布阿玛地区，古遗迹的维护和更新工作给当地数百名年轻工人提供了培训和就业的机会。
来源：阿迦汗文化信托基金会

是在埃及非常急需的技能（见图 3.11）。在运营公园和持续不断的古遗迹修复的过程中，阿迦汗信托基金会为 1000 余名社区居民提供了类似的培训。而在诸如制鞋、街头装置与旅游产品的生产等其他方面，当地人也获得了提供了工作培训与雇用机会。在汽车电子产业、移动电话、计算机、砌石、木工和日常办公等领域，还引入了学徒制。通过爱资哈尔公园、园艺和阿尤布城墙修缮项目，达布阿玛数百名年轻男女找到了工作[75]。

此外，在达布阿玛还有一个小额信贷项目，由第一小额信贷基金会（First MicroFinance Foundation）负责管理，这个基金会是阿迦汗小额信贷服务（Aga Khan Agency for MicroFinance）旗下的一个机构[76]。该机构支持当地人自主创业，促进企业、传统工作坊和旅游业的发展，保证地区复兴

图 3.12 这个由开罗大慈善家发起的自上而下的项目，逐渐演变为一种基于社区的伙伴关系，图上所示的住宅修缮就是一例。来源：阿迦汗文化信托基金会

工作的可持续性。除了这些收入导向型放贷，该项目还与阿迦汗信托基金会的技术团队合作，帮助达布阿玛的居民修缮住宅（见图 3.12）。这其中包括在公寓楼的每一层加设卫生设施，这对女性来说是极其重要的一大改善。新的排水结构也有效防止了水的溢出，继而降低了发生介水性传染病的概率[77]。修缮住宅的目的在于，在调整住房令其更宜居的同时，保护当地的历史特性，尽可能广泛地建立起当地人与地区复兴、古迹维护之间的关联。早在 2004 年爱资哈尔公园尚未面向公众开放之时，这一社区就已规划出 19 处社区共有住宅，里面除了 70 户家庭之外，还有一个健康中心、一个商业中心，另外还完成了一所旧学校教学楼的修缮与两座宣礼塔的重建工作[78]。

针对抵抗力弱的育龄女性和五岁以下的儿童，阿迦汗信托还辅助启动了一项健康项目，以改善他们的健康状况[79]。2010 年，有超过 2000 名患者从达布阿玛的诊所获益。这个项目不仅提供有一定品质、能抑制感染、进行安全手术的诊所，而且还在社区做健康方面的咨询与推广，到 2010 年为止已开展了 70 次教学课和 30 场公共宣讲。这些健康推广活动已经在很多方面提升了当地人的意识，如安全怀孕、计划生育、产后调理、母乳喂养、妇幼营养等。该项目还与一些公共社会组织结成伙伴关系，进一步支持社区健康宣传[80]。

从景观对象到社会经济发展

透过"城市作为流体"这一概念分析爱资哈尔公园项目，可以得到一些有价值的见解，尤其是其角色，该项目不仅是对公园进行景观设计，而且也深刻影响了邻近社区及其居民。这个由开罗大慈善家馈赠的礼物,一个最初自上而下的项目,终于通过直接回应居民需求,衍生出了一种和当地政府、国际基金会、社区团体之间的愈发"去中心化"的伙伴关系。

爱资哈尔公园在很多方面也对开罗产生了重大影响。首先,公园象征着城市开始转型:

> 这座公园是过去一百多年来开罗所创造出的最大的绿色空间。开罗盲目的城市发展确实
> 毁掉了许多一度闻名的公园,但这个新项目扭转了这一趋势。公园不仅掩盖了一座已有数百
> 年之久的城市垃圾山,更取代了一处象征着开罗贫穷与衰败的刺眼的存在。[81]

其次,最简单也是最直接的影响,便是开罗市民和游客对这座公园的使用。一位参观者曾这样描述这幅生机勃勃的景象:

> 我看到一位爷爷和他的孙女一前一后滑着旱冰。我在湖畔咖啡馆喝着茶,看着德国游客
> 时而大笑,时而抽上一口水烟。我看到害羞的年轻情侣——男孩和戴着头巾的女孩——手牵
> 着手从附近的社区漫步到这里的花园。还有些人仿佛走进了他们自己的埃及电影,几乎不相
> 信在家门口会有一处如此迷人的风景。[82]

再次,爱资哈尔公园远非一个单纯的被设计的对象,它的背后是一个已经开始运作的长期的经济可持续机制。参观者需要支付一定的入场费来帮助公园实现经济上的可持续。尽管也有许多人认为这笔费用对开罗贫困居民而言并不公平,会加重他们的负担,但这已经是最小的花费,而且所有来自门票、停车、公园餐厅的收入都不仅用于公园维护,还将用于支持邻近社区内的各种修复项目。这种自我维持的发展模式基于瓦克夫(或者说伊斯兰慈善)体系,用营利性商业来维持社区公共设施的运转[83]。

爱资哈尔公园每年迎来超过200万的参观者,门票与餐厅的利润提供了公园自身维持所需的经费,而且事实上已经有力地推动了达布阿玛拉地区的城市更新[84]。如此一来,公园就成了一种工具,一种实现社会经济重大转变的工具。举个例子,古城修复项目让当地工匠有了用武之地,从而带动了传统技艺的复兴,促进了本地劳动力的就业[85]。大多数从事木材和大理石加工的工作坊、制作黄铜灯的手艺人来自当地,这也为这一贫困社区增加了一些经济上的筹码(见图3.13)。

对社区进行再投资的设计策略也影响了政策。项目最成功的一点在于,它让当地政府部门相信,无须将穷人们清除出阿尤布城墙,只要允许阿迦汗文化信托基金会介入修复当地住房,政府就能从社区修复和复兴的利益中分得一杯羹[86]。事实上,1993年开罗省政府制定的一项规划中,就考虑对阿尤布城墙一带的居民区进行动迁,重置部分人口。这正是政府高估了物质美的价值,甚至不惜以除去人的活动为代价,而这种观点在许多政策制定者和设计师当中也普遍存在。爱资哈尔公园项目以一种有效的方式促进了这一概念的转变。

图 3.13 持续进行的爱资哈尔公园项目给邻近的达布阿玛地区带来了极大的好处，包括职业培训、岗位提供、小额信贷、住宅修缮、健康项目，以及为他们创造了一个方便可达的大型公共公园。
来源：阿迦汗文化信托基金会

波士顿的 MIT 实验设计工作室

如何让未来的城市主义者在介入和设计一座城市时将其视为流体？ 2009 年，波士顿麻省理工学院（MIT）的实验城市主义工作室测试了一个概念：设计作为一个动词，一个正在成为、正被揭开的过程。它类似于即兴喜剧艺术，推动各种想法、策略、干预、尺度、物质发生有趣的碰撞，为项目演化的各个关键点注入巧妙的创意。我自己曾在好莱坞接受即兴喜剧表演训练，拥有在城市主义方面的多年专业经验，在其他不同的实验工作室有过教学经验。基于这些背景，也作为这个工作室的设计者与教授，我研究出了一套即兴喜剧教学法。另外，我还把在即兴喜剧领域最受关注的两本书列入了参考书目：《喜剧的真相：即兴的艺术》（ *Truth in Comedy: The Manual of Improvisation* ）[87] 和《即兴：翻转的场景》（ *Improvise: Scene from the Inside Out* ）[88]。一些关于即兴对创新的作用的学术研究成果[89]，包括在商务行政[90]与计算机设计[91]方面的创新，也有助于我的教学法实验的完成。

这个项目需要为波士顿市中心、唐人街南面的九个街区研究设计方案。我们在工作室教学之后最终给出的策略包括：策划人文活动、规划相关土地的使用、设计公共空间、在高度城市化的地区整合草木与水等自然元素、现有设施的再利用、长期在变化的情境中随机应变。通过真实的项目，可以对即兴喜剧作为一种城市主义的设计方法论进行有效实验。

图 3.14 与学习如何在城市主义领域中开展创意协作类似，学生们六人一组练习即兴喜剧，即兴创造角色、对话、情节和环境。
来源：阿西姆•伊纳姆

　　总体来说，工作室的指导者和学生共使用了 15 个不同的即兴喜剧技巧。学生们分别以二人、三人或六人为一组，表演复杂度不同的即兴场景（见图 3.14）。还要观看前卫的美国即兴喜剧团体"良民队"（Upright Citizens Brigade）的视频，对其表演作评论并听听专业表演者的评论[92]。最后，工作室的整个团队要抽出一晚的时间去波士顿最热门的现场即兴喜剧演出地——Improv Asylum。在为期四个月的课程中，学生们可以充分体会即兴喜剧艺术。

　　我们在工作室中曾练习过如下这些表演技巧：过分装扮（Super Eights）、双声命名（Name Alliteration）、同时拍手（Simulclap）、接续指人（Zip-Zap-Zop）、连词成故事（Word At A Time Story）、自由联想（Free Association）、胡言乱语（Gibberish Talk）、"是的……还有……"协议（"Yes...And..." Agreement）、"一、二、三"开演（"One-Two-Three" Scene Initiation）、围圈人声合唱（Singing Circle）、环境营造（Environment Build），以及默景（Silent Scene）[93]。每一个都能帮助学生们练习特定的能力。譬如说，"接续指人"是一种用身体移动和快速回应练习专注力的方法，而"环境营造"则是用身体移动、手势和面部表情来营造一种想象中的氛围，如在公交站或厨房。通过这些练习，学生们能够快速地掌握表演技巧，建立自信。而在城市主义实验中穿插这些即兴喜剧练习，有助于学生在反复浇灌中孕育出创意协作方式，推动项目前进（见表 3.1）。为了更好地呈现这种交叉学习的效果，每个学生在每次练习之后都会写一篇简短的反馈文章，放在工作室的网站上，以供深入讨论。

表 3.1　MIT 实验设计工作室的一系列集体与个人的练习

集体练习	个人练习
1. 即兴喜剧练习与场景	2. 批判阅读与设计理论分析
	3. 理论的阐释与描述
	4. 理论分析场地和环境
	5. 个人头脑风暴预热
6. 整合的城市设计概念与设计	
	7. 个人设计改进
8. 城市设计项目的终极整合	
贯穿全程：针对即兴喜剧和设计练习的反馈短文	

注：数字代表不同练习在整个学期课程中出现的先后顺序。

创意协作

在工作室中将即兴喜剧作为一种教学工具最主要的目的，就是在持续发展的城市主义过程中培养学生创意协作的能力。下面有几种不同方面的创意协作，包括支持团队伙伴而非让自己成为焦点。德尔·克洛斯（Del Close）的一位即兴喜剧搭档钱纳·哈尔彭（Channa Halpern）曾写道："即兴喜剧中唯一的明星，就是浑然一体的喜剧本身；如果每个人都做得很好，那么没有谁会显得特别突出。对即兴喜剧表演者来说，让自己看起来不错的最好方法，就是让他的搭档们看起来不错。"[94]

要达成这种共识，一个常规的表演机制就是利用前面提到的"是的……还有……"练习，这是一种实现协同一致的简单而有效的方法。这个练习不是要表演者、设计师立刻找到错误反驳他人，而是赞同对方，甚至提出一个基于对方话语的观点。"是的……还有……"通常采用两两练习方式，一人先以一个简单的句子开始，例如"你的自行车很好看"，另一人用"是的……还有……"来回应："是的，我的自行车很好看，还有我想把它送给你。"第一个人继续回应："是的，你想把它送给我，还有我会每天骑它上下班。"对方接着补充："是的，你会每天骑它上下班，还有我会给自己再买一辆，这样我们可以一起上下班。"如此反复。每个人必须用到"是的……还有……"，并且在说话开始时重复前者的最后一部分句子。这个练习看似有些刻意，但这也正是用意所在，即避免在回应时说出常见的"是的……但是……"。这个练习强化了"一致"（agreement）这条"即兴喜剧中最重要的原则"[95]。遵循这条原则，两个即兴喜剧表演者就可以建立起场景和叙事情节，而这也是较为轻松地建立合作的方式。这样一来，表演者才可以立刻理解搭档的意图，接受对方在台上所说的任何话。一旦即兴喜剧表演者来到了台前，就要明白一个事实：他们在为对方创造语境。而高明的即兴喜剧表演者还能够通过自己的角色、情节与动作来为对方贡献创意。

当 MIT 实验设计工作室在练习"是的……还有……"时，学生们几乎立刻体会到了这种对话的好处，即便他们中部分人只是第一次与对方搭档：

> 在团队活力方面，即兴喜剧让我在几乎谁都不认识的课堂环境中也能感到非常舒适。（而且）我发现自己总试图在设定场景中寻找共鸣。或许设计也是一样的道理。在分析和设计场地时，面对各种环境和细节，一定有一种"顺势而为"的方法。尤其当你不熟悉每个人的角色时，你得即兴发挥你的知识，并且照顾到你的听众。[96]

这个练习有助于设计团队建立基本的共识和对彼此的熟悉度，以展开更深入的创意协作。

另外一个能够进一步建立共识的非口头练习就是"同时拍手"，目的是训练每个参与者听的技巧，提高专注力。团队站成一圈，一人微微转身，面向身旁的另一人，对视的同时拍一次手。目的是实现两位对视者同时拍手。紧接着，刚才被动参与拍手的人向另一侧相邻的伙伴再发起对视与同时拍手。于是圆圈内可以形成循环的同时拍手。当参与者的步调相当一致、拍手传递的速度相当之快时，被动参与者可以重新把视线传回主动发起者。如此一来，拍手的方向可以逆转，整个练习变得高速而不可测，此时所有人都要高度集中注意力以接收或发出视线和拍手信号，保证配合默契，听起来就像每次只有一个人在拍手一样。

即兴喜剧表演者与设计师需要强有力的团队合作，通常，团队之所以缺乏创造力，是因为个体没有留意到每个团队成员的优势，不能在共同工作时各施所长。而在城市主义领域，面对复杂而充满挑战的项目时，互相支持的团队氛围是提高创造力与生产力的核心。工作室的学生们很快就意识到了这二者的关联：

> 我想正是融入了即兴喜剧，在设计的过程中我才感到更加放松，也更愿意在团队中参与协作、表达自己的想法。学期一开始——准确地说从第一节课开始，我们就接触即兴喜剧，这让大家都放下了戒心，也帮助我们站到同一平台上——共同尝试新事物，看看它能带我们走到哪儿。对合作概念的强调与深化，在我们第一次尝试整合团队的设计时也发挥了作用。[97]

在这种充满活力的状态下，学生们在陈述个人设计想法时也显得自在得多，因为他们知道其余团队成员会关注设计中的可取之处而不是抓着缺点不放，在评价时会倾向于给出建设性的意见而不是刻意非难（见图 3.15）。

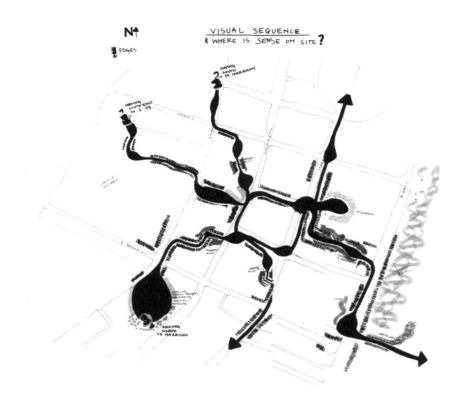

图 3.15 一位学生在汇报其对场所的考察和分析时，用了一系列视觉形态（如一目了然的空间、容易记忆的城市形式、可识别的特性）来展示场所感。
来源：汉纳·克里利（Hannah Creeley）

培养创新

创新对即兴喜剧和城市主义来说都是至关重要的元素。即兴喜剧中，表演者应能即时地想出有趣的点子，例如在不经意间把一个毫不起眼的普通情节转为笑料十足的场景。城市主义者也需要培养这种奇思妙想的能力，为似乎难解的问题找到有创意的解决方案。这个过程需要头脑风暴而非独自硬啃，需要能够在看似彼此独立的瞬间中找到有意义的逻辑。

进行"胡言乱语"练习的目的，就是刻意使用一种即时创造出来的语言，来进行一段可信的对话。这一练习帮助表演者不再过分注意每个人具体说的话，而去研究说话者的腔调或其他表达形式（如音调、姿势、表情）。团队成员站成一圈，第一个人面向身旁的伙伴说一些"乱语"。第二个人也用同一种乱语回应第一个人，但在音调和语气上表现出有所承接，感觉上是一段对话的开始。如此几个回合之后，第二个人再转身向另一边的相邻伙伴发起对话，此时要换一种截然不同的乱语。圈内的每个人都会组织至少两段这样的胡言乱语的对话，当然数量也可能更多，这取决于这些对话在圈内循环了多少次。这些胡言乱语可以传达问题和答案，以及焦虑或高兴、异议或同意等内容。随着一些非设计师对城市主义的兴趣的日益增加，类似"胡言乱语"的练习能够帮助参与者发现他人内在的创造力（无论这种创造力的表达是借助了口头说明、肢体语言还是面部表情），促进创新力的培育。

与此同时，有些设计理念把创新和新奇事物的价值看得很高，城市主义者可能会因此忽视看似直白的设计方案，然而即便是切实可行的简单设计也需要高超的本领。即兴喜剧的表演者常常无畏于做个傻子，譬如用乱七八糟的语言进行一段看似正常的对话。他们常常需要花费精力来表现风趣幽默，而新手在很多时候也意识不到什么是情节发展最需要的。表演时一切都浅显易懂，就是为了让表演者能够注意到当前场景的需要，并且继续向所要表达的核心观点靠拢。另外，对一个人而言已经非常明了的表演，在另一个人那里可能就行不通。浅显和创新不是完全互斥的二者，只是在设计中就成了常见的矛盾双方。

在即兴喜剧中，既要实现创新，又不轻视那些浅显的事物，一种有效的途径就是逐步地搭建场景：最初是一个个体的想法，接着用非常简单的方式来一砖一瓦地增加，渐渐地整个团队就可以衍生出一个完整的逻辑。同样，在构思较大的项目时，也可以考虑利用较小的个体的设计想法。工作室的一个学生也提到了这点：

> 我觉得搭建场景的概念非常适合套用在设计行为上……因为（城市主义）太复杂了，我们常常得先着眼于一个较小的部分……然后慢慢地把整幅图的其他碎片拼回来。只要你像在即兴喜剧中增加少量的信息那样，在设计过程中增加一点点目标，最终的结果就会有些许不同。[98]

因此，创新有许多种方式，包括即兴的介入，或在看似浅显的事物上继续建构些什么，或者通过渐进的设计过程（见图 3.16）。

支持主动

即兴喜剧的一个核心原则就是主动，即表演者面对观众和搭档提供的信息，给出有建设性的回应。类似的，城市主义者可能知道自己工作的大体方向，但无法自信地预测，在项目推进过程中，方向是否仍会保持不变。因此，能否对某种不确定的、可变的、内在和外在的环境做出建设性的回应，是极其重要的。

图 3.16 彼此独立的团队成员做了长时间的讨论，图上既可以看到他们设计场地时的优先顺序，也能发现他们在一条公共通道的设计上有过争论。
来源：汉纳·克里利、凯瑟琳·达菲（Catherine Duffy）、布莱尔·汉弗莱斯（Blair Humphreys）、萨拉·斯奈德（Sarah Snider）、萨拉·泽韦德（Sara Zewde）、凯瑟琳·齐根福斯（Kathleen Ziegenfuss）

　　在即兴喜剧中，一个必备技能就是"为游戏而听"。在短短几分钟内，不同表演者说明角色、对话和叙事转折，搭建起场景的结构。在一个即兴喜剧场景中，这种游戏通常表现在对话一开始的三条线索中，即场景中的谁（即角色）、什么（即对话主题）、哪里（即环境）。一旦基本结构确立，作为即兴创作一部分的游戏（如场景结构）就随之诞生。而对表演者来说，要让普通对话演变成有意义的游戏，关键就是敏锐捕捉团队其余成员提供的信息，并在此基础上增加自己的想法，而不是用否定或异议来拒绝接受他人的信息。打破常规逻辑，发散思维，接纳、整合他人主动提供的信息，也能有利于实现自己的主动回应。在模棱两可的活动中运用直觉进行思考，就是一种打破常规的方法。

　　城市实践中，无论是实践团队本身，还是社区内或政治上的利益相关者，都应具备这种无剧本表演的能力。这就需要聆听每个时刻并做出回应，抓住机会完善某个想法，而这些机会常常存在于一些出乎意料的地方。这种聆听、回应、快速思考以深化设计策略的能力，对于教学过程和设计实践都大有裨益，正如一位学生所说的：

> 我很赞赏即兴喜剧中的快速思考性——因为面对项目中各不相同的想法，你很容易陷在里面，只能不停转动你的大脑。不得不快速回应一个问题的感觉很棒，而且我觉得这种经验有助于设计过程——不去想如何对抗冲击，而是借力打力，用这股冲击来打开新的想法……这让我们都感觉自在，也愿意接纳新的想法，处理事情。[99]

在教学中发展实践

我们不仅练习和实践所学的这些即兴喜剧的技能，而且还将其应用在了波士顿一个实际项目的城市主义过程中。项目位于波士顿市区附近，介于历史悠久的唐人街地区和新兴的南端（South End）地区之间，就在 90 号和 93 号州际公路的立体交叉道的西南处。这是多条街道的交叉处，北边是赫勒尔德街（Herald Street），东边是奥尔巴尼街（Albany Street），南边是东伯克利街（East Berkeley Street），西边是所勿街（Shawmut Avenue）。这里有波士顿赫勒尔德大楼，往西就是城堡广场住房项目。

之所以选择这个地方，是因为在某些方面，它是清晰可辨的城市肌理的典型。街道网基本上是一个正交网格，高速公路作为两道边界线，主干道华盛顿街贯穿其中。在其他方面，该地段很复杂。它正处在两个界线分明的区域之间，即北部的唐人街和南部的南端；地区发展需求多样且彼此冲突，譬如房价在经济型和市场化之间摇摆不定；不明确的土地利用类型：是工业、住宅、零售、办公、机构，还是包括前面的所有类型？而令这个地点最有趣的是，它高度反映了大多数美国城市的状况——紧邻高速公路，有多重身份，没什么突出的物理特征。

这一教学过程和专业实践存在相似之处，但也有差异。工作室一边以团队形式实施项目，一边进行多个设计练习。学生们在跟进项目的同时也在练习各种即兴喜剧表演，以掌握团队建设、协作创造和主动表达的技巧。另一个不同于专业实践的地方，则是工作室团队的扁平特性；而在很多私营公司和公共组织中，团队常常垂直区分等级。在碰撞和讨论设计想法的过程中，不存在单一的领导者来做最后的决策，因此讨论通常需要较长的时间，辩论也容易进入白热化，没有快速的解决方案。但最终可以获得同样重要的队友彼此之间的大力支持和极其有趣的想法。

作为工作室教学的一部分，即兴喜剧让学生学到了很多东西。在协作方法上，即兴喜剧练习让整个班级快速连为一体，扫除了互动和诚恳交流的障碍，营造了充满活力且勇于尝试的团队氛围。即兴喜剧还让团队更早尝试创意协作，为最终将不同个体的想法融为一个设计方案做了预演。在创造性的设计过程中，即兴喜剧练习十分有利于学生们抛开固有偏见，接纳新观点。其中团队学习到的最重要的一课，就是尽量避免各自为营，而要形成一个彼此支持、有创造力的环境，在充分考虑的前提下灵机应变，在他人的基础上发现机会、找出模式。这些经验还因为即兴喜剧的风险性而得到放大，被学生应用在了设计过程之中。举个例子，学生们批判地指出，工作室协作设计的工作坊中还可能会出现对"是的……还有……"练习更直接的应用，以更直接地强化个人设计理念之间的协同。例如："是的，你想在那儿放一个研究园区，还有我想保留那个（旧波士顿）赫勒尔德（新闻出版）大楼。"[100]

学习设计作为流体的城市

城市 - 设计 - 建造过程牵涉多个利益相关者、互斥的目标、政治决策和变化不定的环境，因此为了在这种不明确的过程中找到方向，城市主义者还需要一些在建筑学、景观建筑学、城市设计或是城市规划课程中不太会教的技能。

许多学术工作室着迷于设计城市的基础形式，为创新而创新，我把这种行为称为"新物的专制"（tyranny of novelty）。比起酝酿这种前沿的形式上的设计，我们的工作室采用的方法则更加周全、更直指本质：参与开放的实验设计过程，批判地看待产生的结果。过程导致的设计结果可能只有微妙的差异，但无论如何都是十分重要的。举个例子，在设计土地功能时采用一种精耕细作的方式，细化到移动、饮食、玩乐等五花八门的人类活动（见图 3.17），而不是用常规的分类方式直接区分住宅区、商业区或工业用地：

> 整个过程中特别有意思的一点，就是在每个设计阶段中，讨论几乎如影随形。最值得一提的一次是对土地使用和指定的使用者（通常我们都认为这理所当然）的争论，持续了非常久。虽然有时候这些对话也没能帮助达成共识……我还是认为这个据理力争的过程很有价值。最后我是喜欢这种在地图上标注活动的解决方法和略显模糊的设计的。[101]

这种不同寻常的教学过程最终实现了同样不同寻常的项目设计。大多数城市设计项目都会看到一张精确的三维效果图，但 MIT 工作室的项目却显得更加灵活、易调整、有策略。关键就在于，我们对这一地区的设计是长期而全面的。

我们在设计中首要考虑的问题包括：重建街道网，将现有建筑视为有价值的财产并选择性再利用，通过多功能的规划方案更有效地安排稀有资源——土地；创造更多活跃的街道边缘空间；在凯文·林奇《城市形态》的价值观的基础上打造物质城市新景象，例如把人类与生态活力结合起来。

第二个要点，就是在地图上标注出当前和将来的人类活动，而不是详细举例常规的土地利用类型来帮助指导以后的发展。这些人类活动包括：居住、移动、生产、娱乐、用餐、广告宣传和成长。随着时间的推移，不同活动的用地分配也会因具体情况而发生变化。举例来说，特定的景观干预和交通技术令高速公路的噪声和污染问题逐步得到缓解，此时，"居住"的地块就可以更靠近高速公路一些。

第三个要点，是在日常城市环境中融入开放空间与水、绿植等自然元素。这里包括在高速公路旁建造一个城市生态公园，一来公开研究城市环境对花草树木等的影响，二来也向居民和参观者展示这

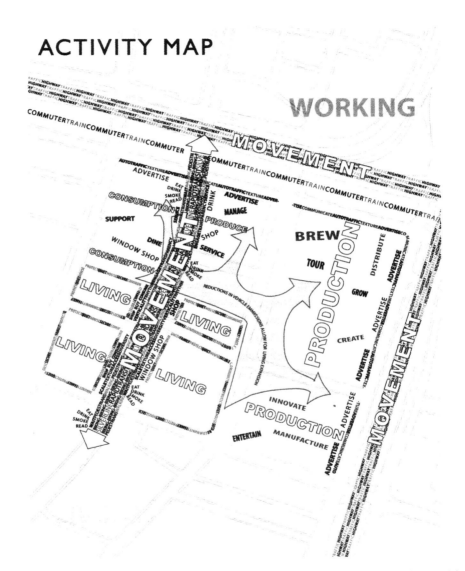

图 3.17 该项目的长远设计策略，并没有采用常规和固定的用地分类（如住宅、办公或产业用地），而是针对不同的活动（如居住、工作、游戏、生产、移动）进行了细分，而且这些活动也会随着时间推移而演化。
来源：汉纳·克里利、凯瑟琳·达菲、布莱尔·汉弗莱斯、萨拉·斯奈德、萨拉·泽韦德、凯瑟琳·齐根福斯

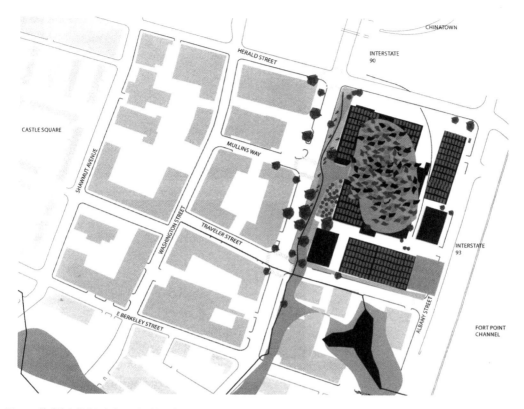

图 3.18 前《波士顿先驱报》印刷厂被改建为一处小型酿酒厂和一个城市生态研究园，其中的生态园借助绿道、生态洼地、水渠、暴雨储水池等设施，一直延伸到了整个规划场地的其余部分。
来源：凯瑟琳·齐根福斯

些影响（见图 3.18）。第四个要点是针对个别地块，学生们基于总体规划设计出了一组各不相同的场景。这些场景体现出，在一个小尺度内，结构、材料、肌理和色彩的组合是如何推动探索、休憩、游戏等人类活动的（见图 3.19）。最终，这个项目成了开放设计过程的载体，学生们可以运用分析、反馈、头脑风暴、对话、辩论和团队合作等多种方式，不断对场地进行设计，并用图片呈现出来。

为了实践"城市作为流体"的概念，跨学科设计团队的内部合作，以及与项目利益相关者之间的合作会愈加广泛，这也是城市主义未来趋势之一。由于利益相关者在城市设计重大问题上的看法和立场各不相同，民主决策必须存在不是非黑即白的中间态度[102]。即兴喜剧练习帮助那些致力于实现集体创意协作的城市主义者，真正聆听他人的声音，采用建设性的方式，在他人观点的基础上进行规划设计。即兴喜剧和城市主义最关键的重合点，就在于二者相关的团队工作都是富有创造性、建设性和协作性的。

活动图

活力

感觉

适合度

可达性

控制性

尺度图

图3.19 即兴喜剧/城市主义过程的设计结果包括假设一系列"什么……如果？"场景，这些场景创造性地结合了未来的活动、形式和空间，丰富了社区形态，让人们更有活力和能动性。
来源：汉纳•克里利、凯瑟琳•达菲、布莱尔•汉弗莱斯、萨拉•斯奈德、萨拉•泽韦德、凯瑟琳•齐根福斯

通常，在协作设计时，成员会对其他人的想法产生怀疑或在很大程度上持有保留意见，更倾向于自己主导的设计理念，最终必然有某一方不得不妥协，或屈从于团队领导或客户等权威者的决定。然而，事实上，积极地看待各种不同观点，不仅提供了进一步优化的空间，也可以避免过早丢弃好的提案。总之，这种方法为提高专业实践质量的设计探索和创新，创造了更深层的结构动力。

对合作各方来说，第一个结构动力就是不同设计理念得到支持而非质疑的反复的过程。第二个结构动力，是落实扁平化概念以实现真正的团队合作。第三个结构动力，是将设计视为一种持续的过程而非一个完工的产品，这同时伴随着永无止境、起起伏伏的城市营造过程。第四个结构动力，就是作为专业实践的典范，创造合作模式以研究特定挑战、跳出常规构思设计策略。

城市作为流体和城市主义实践

本章中的每一个案例都通过直接介入"城市作为流体"这一概念带来了大范围的城市转型，尽管有时并非有意为之。举个例子，在巴塞罗那奥运村项目中，城市在相当短的时间内开展了几乎所有可以想到的公共项目。巴塞罗那的市民可以轻松抵达开阔的滨水区；在满足城市环线需求的二环路的同时，提供了休闲设施，让交通糟糕的城市得以喘一口气；作为奥运会筹备期的大型项目之一，扩建后的机场成了更宽敞、更高效的连接外界

的空中桥梁；此前匮乏的公共设施大量涌现，或新建，或翻修，其中体育设施的覆盖率可与世界其他任何地方匹敌；私人部门和公共组织在政府倡导下担当表率，改进各自设备，努力提升城市的总体活力和效益。

而在爱资哈尔公园项目中，虽然初衷只是想在开罗历史悠久的地块中央创造一个满足大众需求的绿色空间，但随着一段长达 1.6 千米的古城墙重见天日，项目开始致力于另一个重要目的，即让这座古老的城市焕然一新。最终，古城墙与相邻的老城区的一体性让阿迦汗文化信托基金会不得不开始考虑第三个同样重要的问题：在毗邻公园的达布阿玛地区内开展一系列物质性和社会性的修复工程。可以清晰地看到，正是公园建设和古城墙保护项目带动了对达布阿玛的修复。基于这一修复决定，信托基金会发起了各种以社区为基础的城市升级项目，在文化、社会、经济和体制等方面给予支持，有效改善了公园周边地区的生活条件。

波士顿的 MIT 实验设计工作室则研究了一套新型设计方法论，它将有助于未来的实践者在作为流体的城市中开展设计工作。城市 - 设计 - 建造过程牵涉多个利益相关者、互斥的目标、政治决策和变化不定的环境，因此为了在这种不明确的过程中找到方向，城市主义者还需要一些在常规的城市设计课程中不会传授的技能。即兴喜剧的技巧将创意协作作为一项愈加独立的工作任务来培养，它需要能够与他人高效合作，诚恳交换意见，接纳他人立场相异的观点。所有这些技能让实践者变得高度敏感、灵活，能够应对不断变化的城市挑战。此外，在教授城市主义时，广泛整合这些技巧，可以令未来的实践更具变革性。

这些案例分别说明了作为流体的城市的不同面。奥运村展现了项目本身就是百年发展大计中的一部分；爱资哈尔公园项目体现了被清晰定义的物理对象如何演变为持续的社会经济项目；MIT 实验设计工作室则反映了设计流体时的技能、手段和态度。

长期实践带来了显著的城市改变，但这对那些直接参与城市 - 设计 - 建造过程的城市主义者又意味着什么呢？哲学家亨利·柏格森给了这样一个清晰的诊断结论：

　　重点是，我们常常看改变，却总是看不到改变。我们谈论改变，但我们并不思考改变。我们说，改变是存在的，一切都在变，变是万物之宗：是的，我们说着改变，我们复述着改变。但那些只是词语，我们思考和探究时仿佛改变并不存在。要思考改变、看见改变，就必须拨开偏见的面纱，其中有一些是哲学推断导致的人为产物，剩下的就是很自然的常识。[103]

按照柏格森的评价，从流体而非对象的角度来看待同时作为研究对象和实践模式的城市主义，会有什么好处？而又是为什么这种颠覆本体论优先的视角会有所帮助？大概要归结于三个原因。第一，它能够让研究者在工作时更全面地理解城市改变的微观过程。譬如说，要更贴切地理解城市主义，你必须允许意外和紧急情况的存在；也就是说，你要考虑到城市主义可能产生的各种结果与影响，它或许远超出你最初的预想。我们也会在下一章谈到设计的结果。第二，就像我们对改变的微观过程知之甚少一样，我们常常不能充分了解改变是如何形成的，因此我们需要对城市主义进行某种分析：这就是一种相当细致的方式，你可以从中看到改变如何在现实情况中一步步发生——想法如何转化为行动，而城市又是如何逐渐被调整、适应、改变。第三，不满于对改变的传统认知——即优先考虑稳定性而视改变为一种副产品——的主要因素是范式的。基于这种观点的改变策略通常都无法产生实际的改变，更何谈转型。

第四章　意图之外：设计的结果

　　与城市设计直接相关的领域——如建筑学、景观建筑学、城市规划、城市主义——通常考虑意图远多于结果。传统城市主义者从接受训练一开始，就被限制在这种思维模式中，他们针对项目所做的汇报和讨论始终围绕着设计的目的。类似的，建筑史的课程往往侧重分析勒·柯布西耶、弗兰克·劳埃德·赖特等著名大师的设计理念和草图，较少关注这些项目数十年之后的情况和影响。

　　这种相当重视意图的设计文化渐渐延伸到了城市主义领域的作品中。新近完成的项目通常有大量的照片，有些照片出现在杂志的封面，评论家和记者也密集谈论着新项目，认为它体现了最新的可持续性、技术或最佳实践等——而事实上恐怕要到数年或数十年后，才能做出这些方面的评价。举个例子，当弗兰克·盖里在西班牙毕尔巴鄂设计的新古根海姆美术馆落成时，设计评论家与记者忙不迭地称赞它为一个标志性的项目，认为它已经通过吸引大量的游客带动了城市的转型。更加严肃的分析则是在十年之后才出现，这些分析表示，这座城市确实在转型，但究其原因，还涉及许多促使经济再发展的策略，包括用于建造地铁和机场等的公共投资，新增水供应和污水处理系统等基础设施，发展住宅区、商业区和滨水区，开放海港和工业园，建造孵化园、音乐厅等文化场所。而在这些策略中，古根海姆只是其中的一项，尽管它相当引人注目[1]。

　　竞赛和评奖文化再次证明了这种意图偏向，设计理念总是比实现后的效果受到更多肯定。举个例子，2011年美国建筑师协会区域和城市设计荣誉奖——这是在美国被视为"重中之重"的奖项——全部授予了多年后才会完工的提案。其中获奖的北京CBD东扩方案由私人公司斯基德莫尔、奥因斯和梅里尔事务所（Skidmore Owings and Merrill，SOM）设计，被认为是"面向21世纪的城市设计，通过建构一个灵活的增长框架，采用环境友好的可持续方式，定义了商业、工业和文化增长的机遇"[2]。这一说法是否能成真看起来已经不那么重要了。尤其值得一提的是，这些比起实际项目结果更加认可想法的评审团成员，无一不是实践中的城市主义者，而且全世界大多数竞赛与评奖的评审团皆是如此。

　　尽管在城市主义中，充分考虑并分析设计意图是至关重要的一步，但最终产生影响的是每一次干预的结果。这些结果常常在数年或数十年后才会显露出来，它可能会带来观念、政策等方面的改变，也可能会让人们看到哪些策略是有效的。但最关键的影响对象是城市，无论是直接相关的社区，还是市民的日常生活。

概念迁移：从意图到结果

　　这些推理与所有推理都指向一个观点：如果一个人产生某种意愿，那么他反过来也会经历某种必要的觉察。现在这种考量，即某种行为意味着某些不可避免的经验，就被称为"实际的考量"。这因此也证明了一条实用主义的基本原则，即为了明确一个智力概念的意义，一个人应该考虑到，这一概念从本质上会产生哪些实际结果；这些结果相互叠加，就构成了概念的全部意义。[3]

查尔斯·皮尔斯认为，一个概念的全部意义是由它产生的一系列实际结果组成的，因此一个有意义的概念必须能与大量实际的经验观察有关联。在上面的引述中，皮尔斯提出的并不是一种简单的实用主义，这会让人错误地联想起金钱或政治上唯利是图、冷漠狡猾的形象。相反，他在描述一种方法，即通过实验性心理反馈进一步证实或阐释某种假说。这种方法的核心在于不断地提问和探索，用各种手段测试与经验相关的答案和发现[4]。这一原则也提出了一种重要的概念迁移，即从过于强调设计意图迁移到更认真地对待设计结果，也由此激发了对城市主义潜在影响的新思考。

这一连串围绕实用主义思考的中心性之所以很明确，是因为在皮尔斯看来，实用主义"不是形而上学学说，不试图定义任何真理；它只是弄清复杂词语和抽象概念的含义的方法"，而且这种方法"无异于所有成功的学科采用的实验性方法……这些有一定确定性的方法适用于各自的学科"[5]。在一篇题为《如何明确我们的想法》（*How to Make Our Ideas Clear*）的后续论文中，皮尔斯应用了与我们的世界观在本质上相似的原则。他提出了一种思考我们心理建设的新方式："设想一下，我们的概念会有什么样的可以想象的实际效果，这样，我们关于这些效果的理解也就是我们关于这个概念的全部理解。"[6]这就是著名的实用主义基本原则，这一原则直接源于信念，而信念是行动的指南。此外，作为信念结果的真理，不仅涉及个体和现实之间的关系，还必须考虑不同个体之间的社会关系。如果有一个由无限多的个体组合的集合，其中每一个都从事科学研究，他们的信念——从长远来看——也会逐渐趋同，那么这样的一个世界就能尤为清晰地反映现实。正如皮尔斯所提到的，人类无论如何顽固不化、彼此欺骗、时常犯错，最终也都会认识到这个世界的秩序，只是可能会晚一些。

因此，实用主义基本原则与实用主义对真理的定义紧密相关。在实用主义中，真理或真实的概念是基于某个特定的群体的。进一步说，真理也是"即将成为"（would-be）[7]这个概念的全部。"即将成为"意味着一个事物的过去和不同的可能的未来。事物真正实现的部分和发生的部分影响了它的整体意义，但意义还需要更多的阐释来说明，而这也证明了概念和结果都是不固定的。举个例子，皮尔斯说过，我们称一种物质是坚硬的，所表达的其实是该物质可以在玻璃上留下刮痕、可以抵抗弯曲等；而这些是"坚硬"这一概念所依附的实际效果。坚硬，并不是一种抽象的固有属性或本质，它是所有坚硬的事物的表现总和。虽然构建一个概念的意义，需要依赖可信任的测试，但是皮尔斯也强调，既然一个概念具有普遍性，其意义就等同于它接纳了普遍性实践的全部意义，而不是任何确定的真实结果或对结果本身的测试。换言之，术语的意义或价值并不固定存在于个别结果之中。一个概念的意义指向于可信的证明。

一些学者对皮尔斯的理论提出了批评。其中一种观点认为皮尔斯的可错主义（fallibilism，即我们的知识无止境，而且与实用主义基本原则相关联）的风险在于，它可以被解释为对所有事物的普遍怀疑。伊丽莎白·库克（Elizabeth Cooke）指出这不是重点，重点在于皮尔斯却又将知识视为动态的、不断演化的[8]。阿瑟·洛夫乔伊（Arthur Lovejoy）则批评道，一方面，对于"概念"和"清楚性"的含义，皮尔斯自己其实都不清楚；另一方面，不同的主体对同一结果有不同的看法，因此皮尔斯的定理只是一种经验性的概括[9]。另外，洛夫乔伊还提出，理解某个对象的意义时存在一个问题，因为为了清楚理解该对象，就必须留意其所有可以感知的部分。此外，洛夫乔伊认为，发现效果和认识到实际效果二者之间的时间间隔是一个潜在的问题。与此相对的，理查德·伯恩斯坦解释道，我们必须接受不可能看到一个概念的所有结果的事实；而且时间是无止境的，我们也不可能站在时间的终点来看待某个概念或某个项目的结果[10]。最后伯恩斯坦提出，实用主义基本原则应被解释为让概念更明确、更具象的引子。

威廉·詹姆斯对皮尔斯最初的观点进行进一步阐述，认为："实用主义的方法……意味着一种导向性的态度。这种态度把视线从最初的事物，如'类别'，移到最后的事物上，如成果、结果、事实。"[11] 从这段引文中可以看到实用主义思维的两个基本元素。第一，质疑任何绝对的、必要的、比我们的人类经验更基础的原则；第二，实用主义思维的远瞻性主要关注的是结果。由此得到的启发是，一个人先验地决定任何事，都不过是被要求服务于人类自身活动的实证研究，并给理论问题提供答案。

詹姆斯另一个被广泛引用的观点就是"没有不产生差别的差别"。事实上，詹姆斯确切的原句是："没有任何差别不在别处产生差别——没有用有差别的确凿事实及其行为结果来表现自我的抽象真理，不会对某人、以某种方式、在某个地点和某个时间产生差别。"[12] 这里，詹姆斯强调了，任何努力，例如城市主义过程，最重要的是制造差别。然而，这不意味着仅狭隘地关注物质结果，尽管这有助于理解这些结果，还要考虑人、政治组织（包括各大城市）的道德形成的结果。在这样的演化中，事实与价值、手段与目的、分析与伦理、问题与解决方法就体现为社会环境下的行动对象和先验知识[13]。概念与影响是在真实生活过程中的发现，而不仅是一个最终结果；城市主义则是在把计划与项目推向世界的过程中找到了自己。这二者是有联系的：与生活类似，城市主义能够在自我的运动和演变中找到转型的可能，而非满足于物质城市常见的静态。

城市主义的设计手段的结果

正如我们在前一章所看到的，城市始终处在一种流动的状态，这意味着城市主义的概念及其结果也随着时间改变。在这个背景下，库克基于皮尔斯的实用主义基本原则，针对可错主义提出了一个适用的观点，鼓励接纳各类知识，同时保持理性的质疑[14]。承认城市主义中的概念可能是错的，这意味着这些概念需要不断被检查、修正与确认。城市主义中的可错主义导致的结果是，新想法、新体系和新手段有可能随着城市和社会的变化而增多。

实用主义之所以会带来这样的结果，是因为其理论与实践的结合始终围绕着一个核心观点，即不仅看到概念的意图，还要看到概念的结果。举个例子，在纽约市，房租稳定化的概念在一开始是为了防止通货膨胀，却意外实现了对有可能被废弃的社区的保护。因此，从实用主义者的角度来看，要定义房租稳定化的概念，就得把这些实际产生的结果考虑进去（如作为一种社区保护的策略），而不是仅仅看到概念背后的最初意图（如作为控制房租上涨的手段）[15]。

在美国规划协会资助的一项研究中，我比较了城市范围交通运输系统设计方案的意图与实际竣工后的结果的区别，选择的研究对象是此类项目中最早开展的加利福尼亚州圣地亚哥的西里奥维斯塔（Rio Vista West）项目[16]。在 20 世纪 80 年代末和 20 世纪 90 年代初，圣地亚哥市的规划师构思了一个开创性的城市未来，即让城市发展依附于新建设的轻轨线路。许多大胆手段都推动了这一愿景的实现，尤其是在政治上批准和法律上采用的《城市总体规划》《街道手册》《土地开发章程》等文件。但最后，由于不太宜于步行者，西里奥维斯塔项目在交通运输上便显得不够便捷，因此并没有完全实现最初的意图。规划者没有料到的是，过时的交通工程标准倾向于开阔高速的街道，而刻板的市场需求更倾向使用相对经济的摩托车。因此，项目落地后的结果不免令人失望，毕竟当地社区的设计仍然以摩托车（而非行人或公共交通）为导向。

近年来，越来越多的目光投向了城市主义在公共卫生领域的影响。其中特别受到关注的是第二次世界大战后低密度、以汽车为导向、区分土地利用等各种城市增长导致的结果，即广为人知的"蔓延"（sprawl）。评论认为：

> 肥胖、沮丧、没有活力、失去社区等还没有降临到我们身上，尽管各种法律、资助和规划会导致这些情况发生。我们以功能区分用地——如果说制革厂和铸造厂还是离家很近的话，这么做也是合乎情理，但近百年后，我们就有可能无法步行从家前往办公室或商店。我们的税收支撑着高速公路的建设，导致大多数美国城市的市中心正在逐渐转入无人之境……税收还用于建设偏远的新住宅，你得开着车穿过同样得到资金支持的高速公路才能到达。此外，公立学校的减少、对公共交通建设不再投入补贴等，都把纳税人拉出了城市。[17]

研究表明，一些以结果为导向的设计方案开始考虑提高城市密度和步行舒适性、实现土地功能多样化，以及在郊区地带增设公共交通网络、建造公园和保留一些未开发的自然地带[18]。至于这些策略能否有助于缓解当前许多国家面临的肥胖症蔓延的问题，我们拭目以待。

而矛盾的是，数百年来，非洲、亚洲、欧洲和拉丁美洲的城市集中、紧凑、适宜步行、彼此邻近，很容易营造出一种社群感。公共卫生概念（如更多的公共空间能减少疾病的发生）、现代化（譬如汽车之类的技术能带来更多的自由和更高的生产力），以及像勒·柯布西耶（如公园内的塔楼）这样有名望的城市主义者，也都在很大程度上导致了一些现在看来并不健康的城市或郊区的生活方式。主张更加可持续的城市主义的人也正在走同样的路：调整密度以提高可持续性，整合交通和土地使用，创造无车区，当地人保有自营商铺，适宜步行的社区，地区普遍可达，步行进入的开放空间，暴雨排水和污水处理系统，食品生产，设计高性能的建筑和区域能源系统[19]。不幸的是，许多提议仍然侧重于未来意图，而不是基于对项目真正完工后意料中和意料外的结果的批判理解。

从设计意图到设计结果的概念迁移，让我们看到了城市实践与城市项目中的一些新思考。在接下来的部分，我将通过三个不同的项目来描述这是如何发生的。这三个项目彼此背景不同，也为设计的结果带来了不同的启示。巴黎蓬皮杜中心背后的意图是创造一个国家级的艺术文化中心和一座地标性建筑，但它意外地带来了一种充满生机和活力的城市主义。新德里的印度人居中心最初是希望通过再设计机构来实现对城市的再设计，过程中却以独特的方式形成了一个集合知识分子话语、政策制定、艺术、表演与社会互动的城市新中心。波士顿市区的大开挖工程意在解决严重的交通堵塞问题，但同时也令一个垃圾填埋场转变为一处公共公园，既减少了空气污染，又为城市核心地带提供了绿色空间，以及或许是最重要的，象征着错误的修正和城市的转型。正如我将在大开挖项目中谈到的，由于概念迁移，在官方意义上的竣工后，项目的设计结果仍能通过持续的工作和转型得到进一步深化。

巴黎蓬皮杜国家艺术文化中心

自从 1970 年那场国际性的设计竞赛以来，乔治·蓬皮杜国家艺术文化中心（下文简称"蓬皮杜中心"或"该中心"）已有许多年的历史了。一直以来，每每谈及这一历史，人们的注意力总是集中在这座单体大楼的建筑设计创新上。这一节我将分析该项目另一个虽在意料之外却相当成功的结果，即在巴黎的雷阿尔区（Les Halles）和玛莱区（Marais）创造了生机勃勃的当代城市主义。蓬皮杜中心在当时震惊了整个建筑界：高度裸露的钢架结构、可调节的大跨度展览空间、建筑外墙上色彩明亮的各类排水通气管道、多重透明的全玻璃立面，以及丰富的室内空间，包括了一个媒体中心、一个设备先进的电影院、一个公共图书馆、一家视野极佳的餐厅和数个每年吸引数百万参观者的展厅（见图 4.1）。

与此同时，这座巨大的单体建筑也带动了这一城市地区的大规模转型。随着来自巴黎或其他地方的参观者的数量攀升，私人和公共的资金都开始大量涌入该中心的周边建筑，以开发商业或住宅用途。常见的热闹的街头艺人表演、色彩喷泉雕塑等观光元素的加入，也加速了充满活力的公共空间的形成。尤其是色彩缤纷的斯特拉文斯基喷泉，老老少少的本地居民或外地游客都爱来这儿坐坐或在附近转悠，进行一项最具城市特色的活动——观看与被观看（见图 4.2）。这一案例研究丰富了我们对蓬皮杜中心所产生影响的理解，特别是让城市主义者从项目对周边地区的改造中学习到一些经验。

图 4.1 当 1977 年项目竣工时，蓬皮杜中心的建筑展现出了它极大的革新性。它有着玻璃立面和钢结构外观、灵活多变的室内空间，连自动扶梯、升降梯、排气管道和水管等各种设施也都被转移到了建筑外部。
来源：阿西姆·伊纳姆

图 4.2 尽管最初的设计者并没有在这些公共空间设置任何座椅，人们依然被吸引到这个广场，寻找适合自己的放松方式。图片中的场景即为一例，蓬皮杜中心前，一家人席地而坐，背靠着光洁的石墙晒太阳。
来源：阿西姆·伊纳姆

建筑对象与城市物质性

1969 年，当法国总统乔治•蓬皮杜决定在巴黎市中心专门为当代艺术建造一个中心时，他希望这座建筑能够振兴经济低迷、几近荒废的雷阿尔区与玛莱区，但并没有特别制定任何推动复兴的具体政策。1970 年，伦佐•皮亚诺和理查德•罗杰斯在蓬皮杜中心（在蓬皮杜总统逝世后以其名字命名）国际设计竞赛中拔得头筹，而他们的方案正是受到了 20 世纪 60 年代精神的启发，才更加关注建筑空间的灵活性与开放性。建筑的支撑结构和基础运转系统，如通风管道和电梯，都被转移到了建筑外部，因此室内很大一部分空间得到释放而用于展览和其他活动。代表不同功能的各颜色设施附着在建筑的外立面：蓝色是排气系统，绿色是水管，黄色是电缆，红色代表人的移动路径，包括自动扶梯和升降梯（见图 4.3）。玻璃和钢结构的全透明西立面则能够让广场上的人们看到该中心内部的活动。另一个令此设计异于其他方案的特点在于，它腾出了一半的空间作为公共广场，并设计了一个面向该中心下倾的斜坡，就好像在欢迎人们的到来。

事实上，无论从建筑本身还是其所展现的城市感来看，蓬皮杜中心都是一座令人印象极为深刻的

图 4.3 从街道一侧望去，尽管蓬皮杜中心同样沿着街缘，高度也与周围建筑差不多，但是它以色彩区分功能的管道仍然令整座建筑极具存在感。
来源：阿西姆•伊纳姆

图 4.4 这座建筑的公共性不仅体现在周围的开放空间和透明的玻璃立面上，也体现在室内。这是该中心内可自由进出的图书馆的众多阅读区之一也体现一，星期五的晚上，有成百上千的巴黎人聚集在这里。
来源：阿西姆·伊纳姆

公共建筑。该中心内有 8 层，每层面积约 7525 平方米，包括一间有着常设展厅和临时展厅的美术馆（法国国家现代艺术博物馆）、一间公共图书馆（公共资讯图书馆）、一间专门展示康定斯基生平和作品的图书馆、两间影院、两个演出和会议空间、一个工作室和一个儿童展厅。每年这里举办约 30 场公共展览，也会开展国际性活动，如电影和纪录片放映、会议和研讨会、音乐会、舞蹈演出和一些教育类活动。该中心于 1977 年正式向公众开放，包括土地成本在内的总耗资约 2 亿美元（9.93 亿法郎）[20]。

　　该中心作为一个公共场所是非常成功的：在一开始的 7 个星期内，这里就迎来了 100 万人，在最初的 7 年内一共接待了 5000 万参观者。在短短 10 年间，它所吸引的参观者数量就已远超埃菲尔铁塔、雅典卫城，以及纽约的现代艺术博物馆。巴黎人会在此碰头，而对游客而言，蓬皮杜中心是与巴黎圣母院、埃菲尔铁塔并列的不可错过的目的地，是现代巴黎的重要部分。尽管最初设计的最大日接待量是 7000 人，但通常都有超过三倍数量的参观者涌入[21]。事实上，每年约有 600 万人进出该中心；而在相对不长的 35 年内，总参观人数已惊人地超过了 1.9 亿（见图 4.4）[22]。由于起初 20 年过多的参观者导致该中心设备快速耗损，1997—1999 年，该中心不得不关闭以进行更新，耗资约 8000 万美元。

偶然的城市主义

蓬皮杜中心的建造意图是创造一个国家级的艺术文化中心和一个单独的建筑地标，但意外的是，它还带来了充满生机和活力的城市性，而这正是巴黎当代城市主义的一大标志："蓬皮杜中心修复了一个曾经极度衰败的巴黎社区。如果没有博堡（Beaubourg，即蓬皮杜中心），整个社区或许都会被拉下去。"[23]该中心产生的城市影响或许反映在这两个彼此关联的方面：第一，创造了一个多元而活跃的公共地带；第二，活跃了邻近地区的经济。为了更好地理解蓬皮杜中心在这两方面对当地转型起到的作用，首先要了解它建造前的情况。蓬皮杜所在的地区叫作博堡高地，这里有低租金的破旧住宅、小型工作坊，以及介于还未得到改善的玛莱区与还未被废弃的雷阿尔区的食物批发市场之间的廉价商铺。该地区以其猖獗的卖淫和全法国数一数二的肺痨高发率而臭名昭著。20 世纪 30 年代，当地住宅被全部清理，遗留的开放空间在很多年来都是一片禁区，后来因为附近雷阿尔区食品市场的运输车有需求，就用作了停车场（见图 4.5）[24]。

在蓬皮杜中心落成约 20 年后，对于这个新兴的活跃的公共地带，一位记者这样描述道：

图 4.5 这里曾经是一处混乱的大型停车场，周围都是破败的大楼；而如今已成为一个让人们能够随心放松的开阔广场。
来源：朱利奥 • 加拉瓦利亚（Giulio Garavaglia）

图 4.6 在透明的自动扶梯通道的顶端，
不仅是一个拥有绝佳城市视野的瞭望台，
而且还为参观者提供了一种体验——你
仿佛飘浮在这个物质城市之上，又似乎
沉浸于其中。
来源：阿西姆·伊纳姆

　　漫画家、吞火人、哑剧艺人，各种人都挤在"炼油厂"多彩管道立面下方的广场上；游客一个接一个地穿过自动计数器，只为乘坐外部的自动扶梯到达屋顶天台，饱览城市风光；巴黎人涌入这个城市第一间真正意义上的公共图书馆；那些穿着牛仔裤、扎着马尾辫的，不论年龄，则都在底层前厅和中央下沉式凹地的免费展览区闲逛。[25]

　　然而创造这种特定形态的公共地带从来都不是设计的初衷。建筑师之所以设计这样的广场，更多是因为他们想用它作为一个实验场，想在这里加入一些高科技（在当时）设备，譬如大屏幕。尽管设计者还会遗憾最终方案并没有增设这些装置，但时间证明了，这些并不是完全必要的，公众自然会填充意图和结果之间的空隙。而且在两位建筑师——皮亚诺和罗杰斯的设想中，这座建筑更多是表达了一种态度：一个城市机器，一个与周围环境格格不入的对象建筑（object-building）[26]。

　　在蓬皮杜中心正前方是乔治·蓬皮杜广场，长椅、小售货亭、自行车架、树木等公共装置令这个公共空间亲切宜人。但事实上，最初的设计中并没有这些内容，它们都是后期加入的。此外，整个项目的成功在很大程度上要归功于不同功能的设施的组合，这也是吸引参观者的一大原因。举个例子，常设展品和临时展览或许能吸引参观者，同时图书馆的设置也让众多巴黎的学生定期前来学习。另外，巴黎人和参观者都会利用外部的自动扶梯（过去免费，但现在需要一点很低的费用）到建筑最高处，那里有着无可匹敌的视野，能够饱览巴黎风光。当我 2013 年上去参观时，我发现参观者与周围城市主义的关联不仅体现在外在，而且更加内化。当你顺着飘浮在建筑外部的玻璃自动扶梯通道来到最高处，你会感觉自己完全沉浸在这个物质城市之中，且这种感觉非常明显（见图 4.6）。

图 4.7 人们被吸引到斯特拉文斯基喷泉（背景就是蓬皮杜中心）的周围，小坐、见朋友、吃点东西。
来源：王俞鈜（Hiroshiken Wang）

此外，蓬皮杜中心引人注目的玻璃外立面和建筑内部之间也建立起了一种视觉关联。这种设计使得你即便站在建筑之外，都会产生一种强烈的关联感。在更新工程中，设计师通过增加新的入口，试图进一步增强建筑与城市的联系，正如文化部部长雅克•图邦（Jacques Toubon）所说的，"向城市敞开该中心的大门，让它成为巴黎市中心一颗跳动的心脏"。[27] 或许这座建筑本身会让人感到抗拒，但广场营造出了一种多元的公共地带，欢迎所有人的到来。最重要的是，这个广场之所以显得如此有亲和力，与设计并没有多大关系，而是因为当权者允许了街头艺人的存在，他们的表演对人们来说有着莫大的吸引力。

而随着色彩缤纷、生机盎然的斯特拉文斯基喷泉立于建筑的一侧，这一观点也被进一步阐述。这些鲜艳的雕塑与喷泉由艺术家尚•丁格利和妮基•桑法勒设计，被安置在了蓬皮杜中心与圣梅里教堂之间。这些喷泉意在向作曲家斯特拉文斯基致敬，且正位于一个地下的当代音乐中心 IRCAM 上方。彩色可移动的雕塑喷泉成了视觉的焦点，把人们都吸引到周围的公共空间。于是人们在浅浅的喷泉池边玩玩水，仔细地看看这些雕塑，或是就在边上坐坐（见图 4.7）。

该中心因为建筑本身一度遭到批评："这座建筑如此巨大且充满未来感，浑身上下还都被乱糟糟的亮色管道包围，许多人都批评它破坏了巴黎一个最为古老的地区，还把它比成一艘搁浅的战舰或一座炼油厂。"[28] 此外，许多反对者还认为，资金应该被分散到多个本地服务项目中，以改善巴黎日益衰败的社区，而不是用于建造这样一座庞大的单体建筑。尽管许多批评的言论都把矛头指向了这座建筑的审美问题，毕竟它与周围环境显得十分格格不入，并认为它标志着本地人和影响了场所感的大型政府建筑之间的角力，但一个更合适的解释是：正因为与社区的差异，蓬皮杜中心在很多方面都呈现出欣欣向荣之景。它完全不同于周围有限的传统法式装饰风格，无论是本地人还是游客都能意识到这是某种全新的、有助于塑造多元公共地带的存在，而这种特质一直延续到了今天。事实上，蓬皮杜中心

> 从没有被视为新的城市形式蔓延或流行的开端。它更像是一位公开的、几乎令人震惊的对抗周边城市环境的异端分子，它的作用取决于一座永远不会喜欢它的城市。它与众不同的形式和尺度（说真的，极其庞大）是其最为标志性的、史无前例的特质之一，而规划用地时又在周边留出了一定的开放空间，更强化了这种特质。[29]

矛盾的是，与既有城市肌理的鲜明对比却在很大程度上促成了它的成功，因为一处城市地标不仅要在该区域中显得独特，还应是一个集会场所。

蓬皮杜中心除了活跃经济之外，还吸引了大量的公共与私人资金注入，尽管这一地区其实并没有任何具体的经济发展计划。这些投资包括旧建筑的修复、新住宅区与办公空间的引入、邻近街区新咖啡馆和商铺的开张（见图4.8）。最近，城市的公共利益集团和文化机构又开始针对文化设施的建造和扩张迅猛发力。第一次建造潮发生在20世纪80年代，部分也是受到了蓬皮杜中心落成开放的刺激，因为它证明了多功能的、相对非正式和折中的文化目的地是受到普遍欢迎的。20世纪90年代，弗兰克·盖里为毕尔巴鄂古根海姆美术馆所做的独特设计又引领了博物馆建造的第二次热潮。因此，蓬皮杜中心始料未及的高人气也在一定程度上促使人们越来越关注艺术，将艺术视为市中心再开发的重要组成部分……这些标志性的、多功能的、通常大尺度的设施，总是被安置在城市中心地带，其外部建筑的设计也多出自世界级建筑师之手，导致有时候建筑的吸引力反而大过内部的艺术陈设。政府之所以重视和支持文化发展，是因为他们相信，这样的项目有助于提升城市形象，促进私人部门的投资，为周边地区吸引游客。[30]

从对象到城市性

在这里的分析中，有两方面与本书讨论的城市转型相关。第一，常规的对建筑项目的历史性分析，总是容易忽视项目产生的更大也更重要的结果，包括一些出乎意料的结果。第二，通过对项目的结果和后续影响进行细致的历史性分析，我们可以从这些意外的城市主义的成功中学习到许多经验，并把

图 4.8 周围街区都因蓬皮杜中心而获益，不仅开始有了针对游客的商业投资，如咖啡馆、纪念品商店，许多破败的建筑也
得到了修复，另外还由此引入了新的住宅区和眼镜店等小型的社区商业形态，甚至还有一间基督教书店。
来源：尼古拉斯·克莱朗博（Nicolas Clairembault）

这些经验应用到未来的项目中。蓬皮杜中心的意图原本只是创造一个国家级的艺术文化中心和一个单
体建筑地标，但出乎意料地推动了一种富有生机和活力的城市性的形成，而这种城市性正是巴黎当代
城市主义的一大标志。另外，从长远角度来看，该中心还对其他城市产生了影响，20 世纪 80 年代和
90 年代城市博物馆的建造潮就是一例。

　　蓬皮杜中心衍生出来的充满生机的城市主义提供了促进个体间互动的社会环境，也为所在的巴黎
社区赋予了新的意义，使其焕发新生。虽然在谈论这个项目时，几乎总会提到建筑设计中的技术与美
学选择，但是实际上，正是那些进进出出或在周围闲逛的参观者、参与者、行动者定义了这个公共空
间的价值和这一建筑带来的城市效应。这些影响中还包括某些政策倡议的提出，如当权者能够允许街
头艺人在该中心前方广场上活动。该中心作为文化磁体的成功之处在于，它不仅吸引游客，也为巴黎
人提供了日常基础设施，由此进一步促使该中心从标志性对象转变为当代城市主义的活力典型：

图 4.9 在印度人居中心，经常有一些有组织的和自发的活动，如图中的会议。
来源：沃尔什（CJ Walsh）

从博堡（即蓬皮杜中心）的成功中可以学到的一点是，地点的中心性、周围步行街的支持、利益结构的力量。这三者的结合可以创造出一种使用环境——但也仅仅是环境。它必须还要有合适的物理场所、开放的管理政策来进一步提供支持。[31]

下一节我们会继续深入讨论这种处在物质与非物质之间联结点上的城市转型，所研究的案例是印度人居中心。

新德里的印度人居中心

通过再设计城市机构实现对城市的再设计，有可能吗？印度人居中心（India Habitat Centre）在表面上是政府办公建筑，一个由隶属政府的印度住房和城市发展公司（HUDCO）发起的总部建筑项目。但伴随着各种智力、社会、文化活动的交替开展，它已经成了新德里这座繁忙城市核心地带里一处富有活力的城市中心（见图 4.9）。类似的是，设计焦点从办公建筑彻底转到了生态环境上。

项目始于 1988 年，1993 年竣工，由建筑师约瑟夫·斯坦因设计，包括约 9.3 万平方米的室内空间和超过 3.6 公顷的占地面积（见图 4.10）。要理解这个常规的建筑带动城市转型的项目，就必须把它放在更大的背景中，即斯坦因一贯的设计原则。斯坦因是一位美国建筑师兼生态学者，一生中有近 50 年都致力于印度研究。"其因建筑与自然景观的巧妙结合而闻名。他喜爱把建筑融入自然景观中，在周围环以草坪和池塘。后来他逐渐把目光投向环境保护，尤其是喜马拉雅山脉一带。"斯坦因与后来的

图 4.10 在这座物质城市中，印度人居中心格外显眼，红色的砖墙、表面贴着绿色瓷砖的混凝土板、繁盛的植物、从街面就可见的内庭——与印度常见的阴沉沉的政府办公大楼迥然不同。
来源：国际语用学学会

住房和城市发展公司的董事会主席紧密合作，希望为新德里创造出史无前例的城市主义作品。项目负责人是帕乔里博士，他后来作为政府间气候变化专门委员会主席获得了 2007 年的诺贝尔奖。作为设计团队的一员，我负责能源和研究中心的翼楼的规划、设计和建造，并配合这位博士，因此我对这个项目的设计哲学、具体方案和实施过程有较直接的了解。

住房和城市发展公司是一个半自治的公司，它直接隶属于印度政府，主要负责承接住房和城市基础建设的发展项目，长期为住房建设提供资金，有下属的建材公司，可以出资或直接建造新城镇。根据 2007 年的官方报告，该公司为全印度 1500 万套住房提供了资金与（或）技术方面的支持，可以说是世界上对住房建设贡献最多的机构。印度人居中心也可以被理解为两个活跃机构联手的结果，一是住房和城市发展公司，另一个就是由夏尔马（S. K. Sharma）和约瑟夫·斯坦因牵头的斯坦因、多西和巴拉建筑工程事务所（Stein Doshi and Bhalla Architects and Engineers）。

机构再设计，城市再设计

项目设计的初衷是希望能邀请各种与住房和基础设施相关的机构成为人居中心的一部分，这其中包括公共机构，如住宅和发展公司、新德里城市艺术委员会、国家首都地区规划小组；非营利组织，如发展研究和活动中心、科学环境中心；基金会，如麦克阿瑟基金会、印度国家基金会；私营产业组织，如建筑材料与技术推广委员会、印度产业联盟、基础设施租赁与金融服务有限公司；研究机构，如中央建筑研究所、国家城市事务研究所、能源研究所。印度人居中心就像是一个汇聚了如此多的机构的

图 4.11 印度人居中心的各机构成员所组织、发起的各类正式活动通常在演讲厅和会议室进行；而一些面向公众的不太严肃的活动，例如图中的学生集体绘画的活动，就在庭院中开展。
来源：德乌甘（C B Devgun）

图 4.12 郁郁葱葱的景观和半露天的庭院不仅改善着微气候，让员工们在各栋楼之间穿行时更加愉悦，也为持续的社交创造了可能。
来源：冯·弗兰齐斯卡·弗罗利希（von Franziska Fröhlich）

混合体，各机构比邻而居、共享空间，在多种多样的活动中产生交集（见图 4.11）。

　　另一方面，设计时为避免做出典型的孤立的政府建筑，考虑在四至七层的建筑周围加入景观庭院。机构之间可以共享图书馆、会议室、停车场、食物供应服务等，一来降低了成本，二来创造了日常交流的机会。庭院内的百叶棚既利于采光和通风，在酷暑时分也可以用于遮阳。大量绿色植物和流水还进一步改善了庭院内的微气候（见图 4.12）。这一设计实际的作用在于，来访者和员工前往中心的各

图 4.13 建筑的材料在很大程度上推动了城市主义的进程。举例来说，使用砖块、瓷砖、石头等当地材料，用玻璃、木头明确标示出建筑的各个入口，还有一些内置式的可坐场所。
来源：尚卡尔·巴鲁阿（Shankar Barua）

处时，可以穿过庭院，而不是以往常见的走廊。而且大厅、艺术展厅、演讲厅等各个公共空间的入口，也都紧邻庭院而设。

　　该中心不仅整体的城市品质可圈可点，其建筑细节也是如此（见图 4.13）。混凝土结构外包裹着红色砖墙，绿色瓷砖和植物一直蔓延到了建筑最顶端。设计时在营造园区氛围方面投入了大量精力，其中一个例子就是用于印度雨季时雨水收集和排放的水渠。我记得当时我和斯坦因花了数天时间来讨论雨水溢出的复杂情况，考虑它的积极意义，再进行设计，而不是忽视或掩盖这个问题。就这样，材料、肌理、色彩、植物、自然光与阴影的交错等都令这个人居中心显得生机勃勃而富有魅力。

　　印度人居中心集合了多种类型的机构，因此也成立了一个管理委员会，由人居中心主席、人居中心主任、城市发展部议员、住房和城市发展公司主席和管理主任，以及各个机构的代表组成。虽然图书馆、艺术展厅之类的部分设施对公众免费开放，但是其他服务设施，譬如会客厅和餐厅，只面向入

图 4.14 除了举办许多与政策相关的讨论会和知识性会议之外，该中心还是传统印度舞表演等文化活动的汇聚地，这些活动吸引来自整个新德里都会区的人们。
来源：jaijaivantis

驻机构、公司或会员。入驻的机构会根据办公空间占地大小得到相应数量的员工门禁卡，每张卡需要交 45 美元的年费。没有入驻的非营利组织也可以通过一次性缴纳 1400 美元成为会员，每张卡的年费是 92 美元。针对个人，根据具体会员类别的不同，所需费用也各有差异。譬如普通会员，即 "有专业的、学术的文化知识的人"，需要一次性支付 550 美元成为会员，年卡则是 46 美元。鉴于如此大的办公中心需要定期的资金来源以维护更新，收费也是情有可原的，但这种收费结构还是显示出那些经济宽裕、社会关系良好（因为缴费后还得走一系列的会员申请流程）的人会更受欢迎。

从政府办公建筑到活跃的城市中心

印度人居中心的特定设计产生的结果是：

> 这样一个地方：既没有交通压力，又可以举办各式各样从住房到银行到娱乐到食物的公开或私人的活动。它如同一座城中城，是知识文化产业的购物中心，提供食物、出色的剧场、前卫的艺术等，迷人的室外空间在夏天尤其令人感到舒适。可以说，印度人居中心为新德里市做出了极大的贡献。[32]

事实上，你确实可以定期在这里看到舞蹈和音乐演出、艺术和摄影方面的展览与工作坊、可供阅读的书、国际会议，以及在这里参观写生的孩子们（见图 4.14）。该中心所展示出的对城市主义的愿景，堪为典范。

图 4.15 施工中的大开挖，后方是波士顿滨水区，左侧是市区。
来源：高速公路部马萨诸塞州交通局

早在 20 世纪 80 年代中期，对未来印度城市的愿景——正如人居中心所具体呈现的——就非常广阔，不仅包括物质城市，还涉及许多区域问题，如环境、能源、技术、交通、人际交往、文化规范、财政政策和法律问题。随着知识体系越分越细，城市 - 设计 - 建造过程愈发需要跨学科的多方合作。该中心试图通过拉近物理距离、建造共享空间，以及用建筑设计特色增加偶遇可能，来创造一个多学科的多方合作的场所。如今城市主义的常见手段，在当时实为创举。而我们还从一个被很多人视为失败之作的项目设计中，惊喜地看到了一个具有前瞻性与变革性的愿景，这个项目就是我们接下来即将分析的——大开挖。

波士顿中央干道 / 隧道工程 "大开挖"

官方叙述中的 "波士顿中央干道/隧道工程" 有个更为人熟知的名字，大开挖（Big Dig）（见图 4.15），其意义之深远、质量之精良，以及所获得的无数赞誉都不无原因：

中央干道 / 隧道工程，这个被视为美国历史上规模最大、最复杂、最具技术挑战的高速公路项目，为美国一座最古老、最拥挤的城市缓解了交通堵塞问题，提高了城市流动性。它还帮助改善了环境，为马萨诸塞州和整个新英格兰地区的经济持续增长打下了基础。这一项目以一条先进的八至十车道的地下高速公路取代了波士顿的不断退化的六车道中央干道（93 号州际公路）；另外在查尔斯河上方架起了两座新桥，将 90 号州际公路延伸至波士顿的洛根国际机场，以及 1A 公路；创造了逾 121 公顷的开阔土地，重新连接起波士顿市区与滨水区。[33]

事实上，大开挖应同时迎来欢呼与监督。

这里还有一段让人忧虑的叙述，揭露了大开挖的另一面：

> 　　无论作为一道基础设施，还是一次城市建设的努力尝试，大开挖总体来说都是成功的；但这并不意味着它没有受到任何批评或没有任何失败。这个项目初期预算在 26 亿美元，但最终成本却超过了 146 亿美元。它让这座城市的市民承受了连续 15 年全年无休的施工和迷宫般的绕行道。由于缺乏充分的监督，多年来对于该项目的真实成本，纳税人始终被蒙在鼓里。另外，还有包括地铁延伸工程在内的一些据说能减轻这条隧道压力的交通项目，目前大部分仍待建。2006 年，90 号州际公路隧道顶部一部分重达 26 吨的水泥板突然坍塌，导致一位波士顿市民死亡。这一悲剧和应为此事负责的工程缺陷，导致马萨诸塞州政府和大开挖施工管理公司——伯克德－柏诚花了 4.5 亿美元才与其他施工公司之间达成诉讼和解。受害者家人则针对施工合约提起民事诉讼，最终获得 2800 万美元的赔偿。[34]

结果再设计：创造未来的历史

尽管大开挖在许多方面存在较大缺陷，它仍然带来了一种城市主义，不仅在物理上和视觉上将城市重新紧密联结，而且在市中心创造了开放空间、改善了交通流、降低了污染等级，项目邻近地段的房产也得到大幅升值（见图 4.16）。这个案例研究是基于"结果"这一指向某个意义的实用主义概念，因此也阐明了，对重要基础设施工程的结果进行再设计时，应通过怎样的方式让它呈现为一种极具变革性的城市主义。这一"未来的历史"再次描绘出，一个大尺度的城市基础设施如何能带来更多人需要的开放空间和加入可再生建材的新建筑，创造出象征城市潜力的标志，激发本已稀少的城市土地的利用可能。在这一节我提出，在项目初衷和严格的成本／利益分析之外，我们应当注意到意料之外的益处和积极的水波效应。因此即便大开挖在表面上已经完工，对积极成果和未来影响的持续设计也展现了创造未来的历史的可能。

"大开挖"这个概念可以被视为"交通基础设施"，或"政府的失败"，或"工程的奇迹"，抑或"变革的潜力"，最后一点也是我在本章所指出的。当然，把"变革的潜力"具象化，既有交通基础设施、政府的失败，也有公共基础设施、政府效率和颠覆性的工程。要将"大开挖"概念重塑为一种"变革的潜力"，关键在于让城市主义者和设计师不再仅仅检查目标和结果之间的差异或缺失，还

图 4.16 大开挖为波士顿中心地带创造出了公共开放空间和绿色城市景观，而在过去数十年中，这里曾是一条大型高架公路。
来源：阿西姆·伊纳姆

要更仔细地观察威廉·詹姆斯所说的"最后的事情"[35]。关注成果和项目的关键，就是逐渐理解城市干预。虽然专业实践者倾向于把项目概念化——无论是交通基础设施还是住宅区再开发——基本上仅视其为三维对象，但"成果"这一概念指出，事实上在被狭隘看待的三维对象正式完工后，成果会出现，还会继续扩大。这种暂时感几乎永无止境，它作为一种较新的城市主义形式（即便是最小尺度）有着多元的发展方向，这些方向会随着时间变化而被激发或被再激发出来。这种暂时感的难处则在于项目真正完成时刻的不确定，尤其是意料中和意料外的成果还会不断地出现。要理解并拥抱这种不确定性，把它视为一股源泉，才有可能不断进行结果的再设计，为越来越多、越来越多样的市民群体带来利益，或者用威廉·詹姆斯的话来说，聚焦在真正的制造差别上[36]。

背景

波士顿，一座拥有超过 60 万人的城市，整个都会区人口则超过 450 万，这是美国整个东北部最重要的政治、金融、教育中心之一。而大开挖，就是位于波士顿市区的一条重要的交通纽带。这个项目的所属方与管理方最初是马萨诸塞州高速公路局，之后被移交到了马萨诸塞州收费高速公路管理局。

图4.17 中央干道越来越多的车流使得拥堵情况日益严重，而高架桥
又让它成为社区之间物理和视觉上的一道障碍。
来源：© 美联社

由旧金山伯克德公司（Bechtel Corporation of San Francisco）和纽约柏诚美国基础设施子公司（Parsons Brinckerhoff Quade & Douglas Incorporated of New York）组成的伯克德 - 柏诚（Bechtel/Parsons Brinckerhoff）负责监督技术设计、工程、施工。瑞士工程师克里斯琴•门（Christian Menn）最后还设计了如今查尔斯河上的一处标志性桥梁，列尼•扎金彭加山大桥（Leonard Zakim Bunker Hill Memorial Bridge）（又称扎金大桥）。

中央干道是93号州际公路的一部分，这条高架公路拥有六车道，贯穿波士顿市中心，也正是由于这条公路面临的问题，大开挖项目才被提了出来。原本的中央干道于1951年开始建造，1959年完工，全长约2414米，当时预计每天能承载7.5万辆次的车流量。到了20世纪90年代，实际车流量达到日均19万辆次，每天有10小时的交通堵塞，当时还预计到2010年会达到每天16小时的堵塞时间（见图4.17）[37]。与此同时，这条中央干道也是社区内一道有碍观瞻的屏障，阻碍了交通流通，隔开了波士顿北端、滨水区与市区，因此也限制了更顺畅的城市经济社会生活。另外，20世纪50年代的建设还迁走了逾2万名居民，导致1000多处建筑物被拆除。如果在地面上新建公路取而代之，只会加剧这些问题，给本已拥挤的波士顿市区再加上一大堆建造设备、汽车和卡车，在漫天尘土和烟雾中制造噪声。所以，设计师考虑将工程转到地下，也由此得名"大开挖"。

大开挖第一次动土是在1991年，官方意义上的工程结束日期则是2007年12月31日。项目包括了以下几个重要内容（见图4.18）：

• 改道中央干道，或者说93号州际公路，使其大部分穿过波士顿市区地下的隧道；
• 建造90号州际公路的延伸段，特德•威廉斯隧道（Ted Williams Tunnel），一直通往波士顿洛根国际机场；

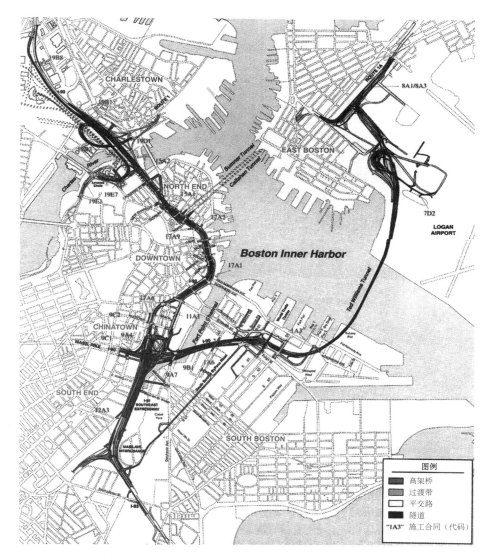

图 4.18 地图上显示出大开挖的主要组成，蓝色的是隧道，包括中间一段通往机场的、在波士顿湾底下的特德·威廉斯隧道。地图左上方跨过查尔斯河的绿色部分，是扎金大桥。

来源：马萨诸塞州交通局

- 在查尔斯河上方架设列尼·扎金彭加山大桥，作为通往市区以北的 93 号州际公路的一部分；
- 建造由 4 座公园组成、占地约 4.2 公顷的露丝·肯尼迪绿道（Rose Kennedy Greenway），但由于它正位于隧道之上且被各种交通设施包围，在设计和功能上都有所限制；
- 建造眼镜岛公园（Spectacle Island Park），一座位于波士顿港口的约 42.5 公顷的公园。

正面的结果

大开挖被吹捧最多的成效即对交通的改善，这本身就是该项目最主要的目的。2006 年，受马萨诸塞州收费高速公路管理局的委托，经济发展研究集团进行了一项研究。报告尤其指出了这些与交通相关的成效：该项目每年为移动人群在时间和开销上节省了约 1.67 亿美元，包括了 0.24 亿美元乘坐交通工具的开销和估值 1.43 亿美元的时间成本[38]。降低的时间成本有过半是出差，因此也可以被视为波士顿经商成本的降低。举个例子，晚高峰时，要向北穿过横贯市区的 93 号州际公路，整个所需时间从 19.5 分钟降至 2.8 分钟，堪称一次飞跃。另外，原先有 170 万居民能够在开车 40 分钟内从家到达机场，而通往洛根机场的 90 号州际公路延伸段特德·威廉斯隧道的开通，又为 80 万人提供了同样的便利（见图 4.19）。

大开挖第二大明显的成效体现在房地产开发上，尤其是新机遇的创造、新私人资金的注入、房产的升值。与市区在物理和视觉上的紧密联结，增加了城市滨水区沿岸和波士顿南部海港区的发展机遇。地产商们也已对那些一度用砖封死窗户的大楼进行重新配置，以打开视野，同时翻修波士顿其他新兴的交通便利地区的建筑。波士顿北端的意大利餐厅如今有了路边咖啡馆，而在以前它们都尽量避开中央干道（见图 4.20）。15 年来，旧中央干道沿线的商业地产的价值已提升了 79%，几乎是全市平均升值（41%）的两倍[39]。这一商业地产增长率的提高还有望带来超过 30 亿美元的房地产价值。

图 4.19 大开挖最大的成效来自于通往机场的隧道和市区下方的隧道，因为这二者都有助于减少路面噪声和污染，同时释放出更多土地用于停车、其他多功能利用方式和城市发展。
来源：© 美联社

图 4.20 人行步道和开阔的视野重新连接起了波士顿市区与历史悠久的北端，中间段则是位于隧道上方的露丝·肯尼迪绿道公园系统。
来源：阿西姆·伊纳姆

　　量变方面的成效令人印象深刻，但大开挖是否还为波士顿带来了其他更加有意义、品质上的重要结果呢？其中之一当数城市肌理的缝合。原本作为高架公路的中央干道带来物理和视觉上的障碍，现已得到改善，社区和滨水区也得以重新连接。基于对新闻报道的分析、对参观者和居民的采访、田野观察，可以清楚看到，一种心理上的连接感非常重要；换言之，人们感觉到能够俯瞰街面、看到水岸而不是大片支撑旧中央干道的柱子，或是知道自己随时都能轻松地步行前往地区内的某条街道或某个公园。

　　更为明显的肌理缝合则是大开挖创造出来或帮助形成的一系列开放空间（如公园、广场、水岸再开发和散步长廊等）。部分开放空间促使周边地产价值提升，更重要的是，这些空间为人群的聚集提供了设施，随之而来的社会生活对任何城市而言都尤为关键。此外，位于城市中央——如波士顿市区的公园和开放空间在改善当地环境方面也扮演着重要的角色[40]。它们提供了休憩的可能，改善了自然环境，进一步提高了城市生活质量。在那些人口数量庞大而土地紧张的城市最中心地带，开放空间有望能起到更大的作用。露丝·肯尼迪绿道是一系列有流水等各种设施的公园，建在旧中央干道的路面之上，从唐人街开始一直穿过码头区和北端（见图 4.21）。大部分水岸修复工程已完工，如查尔斯河流域、碉堡角海峡（Fort Point Channel）、拉姆尼湿地（Rumney Marsh）、眼镜岛，以及重要的波士顿港口步道延伸段。参观者也可以在眼镜岛上尽享公园和步道。

图 4.21 露丝•肯尼迪绿道一景，后方是波士顿市区的天际线。
来源：阿西姆•伊纳姆

　　大开挖的竣工，还产生了一些意料之外、令人惊喜的结果。眼镜岛的重生就是其中一例。这座小岛曾经有一处固体废料填埋场和一座由被污染土质堆积而成的疏于管理的土山。由于大开挖项目，这里被指定为三分之一挖掘土的堆填地，于是一座公园在场地之上新建而成。由于表土可以提供养分，最终这里还种植了数以千计的树和灌木，形成了新的景观，也彻底重塑了这座岛屿[41]。第二个例子是大开挖别墅（Big Dig House），建筑的基本结构完全回收利用了大开挖废弃的 3 吨钢材和混凝土（见图 4.22）。这些材料都是免费的，而且业主保罗•佩迪尼（Paul Pedini，其所拥有的公司曾在大开挖项目中参与了十年）自己就负责了大部分的施工，因此这栋建筑面积为约 400 平方米的别墅，其成本可以低至每平方米 188.3 美元[42]。这栋别墅十分亮眼，也很优雅，不仅获得了一些建筑奖项，也为其设计方辛格•斯皮德（Single Speed）建筑事务所赢得了一定的肯定。假如这些大型基础设施项目的意外结果——如用挖掘土覆盖填埋场、创造新的公园、回收利用废旧建材搭建新建筑——在一开始就被系统地设计在未来项目之中，又会怎么样呢？它们对城市的影响可能是巨大的。

图 4.22 大开挖别墅一景，由辛格·斯皮德建筑事务所设计，回收利用了旧中央干道高架公路的废弃材料。
来源：© 美联社

设计未来的结果

　　大开挖是一个无比庞大、耗时、复杂的项目，而且还地处一座繁忙城市的核心地带。项目的支持者与反对者都会提到过程中常常遇到的前所未有的施工挑战，前者视其为项目成效的一个标志，后者则把它当作工期和成本都远超预计的部分原因。举例来说，90 号州际公路延伸段的建设涉及一些极其复杂和具有挑战性的工程，包括隧道顶管施工、沉管式隧道的预制场建造，以及明挖回填式隧道的建设[43]。贯穿波士顿市区的 93 号州际公路的再施工也同样相当复杂。在重型施工开始之前，设施都要被转移，缓解措施也必须到位。然后到了 20 世纪 90 年代中期，开始建设地下连续墙，开凿前它又需要旧高架中央干道的基础材料。

图 4.23 图中是标志性的扎金大桥，是极富视觉感的 21 世纪波士顿的代表物。桥塔上方的设计源于历史悠久的邦克山纪念碑。
来源：阿西姆•伊纳姆

在以相当高的成本克服了这些困难之后，取得了一些成果，包括明显提速的市区交通流、抵离机场更加便捷、该地区房地产开发机会的增加、原先受高架公路影响的城市肌理得到缝合、市中心和滨水区的一系列开放空间。同时也带来了一些未曾料到的结果，例如利用挖掘土的堆填创造出一个可供休憩的新公园、一座回收利用了旧高架公路建材的新建别墅。然而，最重要的结果或许是具有象征意义的那些。

一个象征性的标志是扎金大桥，这是全美第一座不对称的、采用钢混结构的桥梁，也是世界上最宽的斜拉桥。这座大桥事实上成为通向城市北部的大门，被多次评价为 21 世纪波士顿的一大标志，也常常作为电视新闻节目的背景（见图 4.23）。

另一个象征性的结果，是该项目被视为一项极其重大的工程成就，一次不同寻常的尝试。一些人撰文表示，大开挖是一项战胜了现代主义狂妄的后现代工程。不过在麻省理工科学技术专业的罗莎琳德•威廉斯（Rosalind Williams）教授看来，大开挖从最好的角度展现了工程的颠覆性：修正了高架公路的严重错误——将市中心一分为二，令远望和进入社区变得困难，导致了严重的交通堵塞[44]。布伦丹•帕特里克•休斯（Brendan Patrick Hughes）则认为，这一项目"真正的意义在于，它代表了一个与隧道开裂墙体内有质量缺陷的混凝土同样真实的转型中的波士顿"[45]。

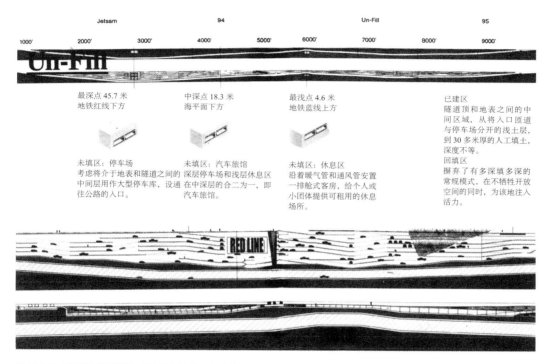

图 4.24 Un-Fill 项目的剖面图，可以看到在地表与隧道之间的土地是如何被用于停车的。
来源：尹美真和梅雷迪斯·米勒（Meredith Miller）

　　在《公共作品：推动大开挖的自发性小项目》（*Public Works: Unsolicited Small Projects for the Big Dig*）一书中，建筑师尹美真（J. Meejin Yoon）尖锐发问："大开挖的结果是什么，它未能实现的目标是什么？"[46] 她大胆地想象了一些能够深化大开挖影响的假设性项目，包括一个能够在沥青、硬地球场、草地表面三种路面类型中来回变换的三重控制面板的旋转铺路机；隧道大型排气孔，同时可用作空气净化器、风力收集器，以及植物生长的支架；还有一个可能是最奇特的项目，"树陷阱"，即机械化的活动树池能够移动到某个位置挡住车流，赋予行人沿着肯尼迪绿道内公园步行的通行权。

　　其中一个既具有高度想象力又极其可行的项目，名为"Un-Fill"，它通过把地表与隧道之间的空间变成停车场，实现了对土地的有效利用（见图 4.24）。这一严谨设计的复杂性也不亚于其创新程度，不仅要设计建造大开挖的多条隧道，还涉及通风井、坡道、连接桥以及所有支撑其日常运作的设施（如电力、通风系统、通信系统）。这一方式显示出，大开挖是我们设计能力的象征，即便项目在表面上已经完工。

这个案例研究表现出，大开挖既是一种物质表现，又代表了城市转型的可能。针对所耗费的 15 年时间与 146 亿美元，常常听到的问题是：它值得吗？显然，在城市未来的基础设施项目的经验方面，这也是一个很重要的问题。我们还应该问：现在我们怎样做才能让它显得有价值？换言之，现在我们要如何对大开挖进行再设计，以实现更有价值的结果？我们确实应该从大量超出预计的成本和时间、低质量的施工中吸取教训，但同时也要好好调查研究：就它巨大的变革潜力而言，我们获得了什么？还期待什么？我们可以设计出一个怎样的未来？我们可以参考查尔斯·皮尔斯的说法，即一个概念的意义是它实际产生结果的总和，刻意为结果而设计。这样一来，大开挖项目就可以继续被概念化为"极具变革性的城市主义"，而不是简单的"交通基础设施"。

实施会带来结果的设计

本章中的每一个案例，都从不同角度展现出"设计的结果"这一实用主义概念。印度人居中心给城市带来的主要结果，就是创造一个活跃的新城市中心，让诸多政府和非营利机构能够共享空间，在举办严肃的知识、政策会谈的同时，也为艺术展览与演出提供了场地，还成了孩子们都可以参观的一个地方。所有这些，最终以高度敏感、谨慎的设计方式呈现了出来。尽管你不会有强烈的冲动去跑到屋顶大喊这是"可持续的"，它却实实在在是"可持续的"，它的建造基于印度朴素的延续了上千年的古老传统：气候和生态敏感型设计。

自从蓬皮杜中心落成之后，许多地方的政府都对艺术愈发重视，把它视为核心城市再开发的重要组成部分。而由此产生的最常见的策略之一，就是在城市投资建造一个一流的博物馆或艺术中心。这些标志性的、多功能的、通常尺度较大的设施基本上都选址在城市中心，建筑本身也由世界著名的建筑师来设计。第一次建造潮发生在 20 世纪 80 年代，1977 年开放的蓬皮杜中心也是部分诱因，毕竟它证明了一个多功能的、相对非正式的、多元的文化目的地可以颇具人气，即便这不是初衷。或许蓬皮杜中心给我们带来的最有意义的启发在于，建筑项目可以产生一种偶然的城市主义，继而丰富周边社区和城市的其余地方。

那么，现在我们要如何对大开挖进行再设计，以实现更有价值的结果？对于这一问题，尹美真认为我们可以继续为露丝·肯尼迪绿道和相邻地块设计项目，这样就有可能带来一些未来的结果，而这些结果可以继续推动波士顿市区的转变。换句话说，最重要的转型或许就是重新定义大开挖，把它视为一个潜在的永无终止的项目。

根据本章最开始引述的查尔斯·皮尔斯的说法，实用主义提供的，是一个如何将设计的结果视为物质和非物质结构的强大框架。我们创造出城市环境下可执行的概念和对象，之后我们就可以认为，它们产生的结果是设计过程中不可或缺的一部分。一旦实现了结果，更大的开放性和责任就可以落到这些对象、概念及其未来的影响上。开放性意味着不仅要对设计策略的意外结果进行思考，还应完善这些结果；责任，则是指城市主义者的干预所产生结果的事前监管。在理解设计的结果时，对时间的强调也很关键，城市主义在这里是一个持续的动词而不是一个确定的名词，转型也始终是一个过程。在这个不断持续的过程中，我们要仔细留意设计的结果——无论是刻意为之还是无意形成，无论属于历史还是今天——并把这些思考融入我们发散性的思维。要实现这一点，一个有效的方法便是拥抱城市主义，将它视为一种介入城市最重要的决定过程的政治创新手段。

第五章　实践之外：城市主义作为政治创新手段

常规理解中，城市主义被狭隘地定义为专业实践。编码化的教学和专业指导培养出某种约定俗成的知识体系和技能，而城市主义的实践，就从有赖于此的建筑学、城市规划等领域中衍生而来。这种实践的本质和终生的职业，是不断尝试新方案和项目的动力。由于这些新项目大多来自外部——业主、赞助方、设计竞赛、方案咨询，都带有一定的限制条件，于是在面对城市的空间政治经济时，常规的实践者通常都能接受项目地段、预算、流程和目的等限制因素。即便有较为创新的手段，涉及社区参与或可持续发展，其基础仍然是在客户或任务驱动下的实践模式，它往往会接受城市当前的条件和局限。而城市主义要介入的，是影响力大得多的城市政治（如找出核心决策、资源分配和决定优先项的原因或具体方式），这一任务的挑战性在于，不仅要改变项目的先决条件使结果变得更好，而且最终要创造出能够带动城市转型的先决条件。

20 世纪见证了城市设计、景观建筑学、建筑学、城市规划等专业领域各自对实践进行规范。这样的专业化带来了专家意见下的社会构建和知识、技能的特殊化，产生了城市中常常引人注目的空间之美。这种专业化、编码化的实践模式始终在这一领域占据主导地位，只是这种思考方式忽视了敏锐感知更大潜力的能力和对实践的深层理解，而正是这些能够从根本上改变城市。这就需要质疑关于物质城市产物的基本假设，质疑倾向特权阶层的城市决策机制，质疑重视表面结果更胜于行动过程中的质量的城市建造过程。

在现实情况中，城市 - 设计 - 建造过程总是带有政治性。这些过程牵涉到稀有资源的分配，这是政治问题，因为它关乎多个利益相关者和数千名立场不同甚至常有利益冲突的居民。此外，正如在第一章中所讨论的，物质城市的设计与建造发生在较大的空间政治经济之中，因此是体系的一部分。把城市 - 设计 - 建造这一过程放到决策机制和权力结构中来看待，是城市主义的关键。城市 - 设计 - 建造过程之所以显得复杂、无序、难以捉摸，是因为很少有单个组织把控整个城市建造过程，而且即便有这样的组织存在（如当地政府），该组织也很难具备相当的权力和资源来有效控制结果的产出。在当今城市，隶属于公共、私营和非营利部门的各种行动者和机构，都在追逐自身利益，为了获得控制权而不断竞争。

与彼此冲突的多方利益相关者同样普遍存在的，是常视某种利益高于一切的权力结构，以及利润动机、利己主义[1]之类的价值观，它们总是把集体利益、民主等价值观排挤在外。城市主义者需要采取有效的方式来应对如此杂乱的复杂情况，其中一个方法，是承认并明确表示，我们的某些行动不可避免要做道德选择。城市主义的实践，可以是一种基于慎重明确的道德选择的创新的政治手段。每一天在做决定和选择行动路线时，我们都在做道德选择。放到城市层面上来说，在多个目的之间选出优先项、对稀有资源的分配、数千名市民的介入、干预的长期影响等，都涉及困难的道德选择。

举一个道德选择的例子，全世界每个主要城市都存在经济适用房短缺这一严重而普遍的问题。设计标准的经济适用房，需要运用设计创新和预制构件或模块等施工技术建造出更小更便宜的单元。然而，几十年来，这一方法并没有带来真正能让极度贫困者或工薪阶层家庭负担得起的住房。一个有变革力的城市主义者会对此提出尖锐而深刻的问题：为什么经济适用房短缺成了惯常现象？为什么低收入居民看起来只配拥有低质量的住房和生活环境？这些系统性的思考会催生参与性实践。本章展示了一个框架，并给出一些案例来证明，道德选择如何推动城市主义实践成为一种政治创新手段。

概念迁移：从城市实践到道德选择和政治手段

> 道德选择通常是比较之后达成的妥协，而不是在绝对正确或错误的事物间做出选择……我们凭借自己对这些选择项的结果的感觉判断来下赌注……（对实用主义者来说，）道德斗争始终伴随着生存斗争，不公平与不谨慎、不友善与不明智之间并没有清晰的界限。在实用主义者看来，重要的是找到方法减少人的痛苦、促进人人平等、让所有孩子愈发能够从生命伊始就有均等机会获得幸福。[2]

理查德·罗蒂这个看似简单的观点，细细想来却意义深远。严肃的道德选择——例如从为生产利润而设计与为公共利益而设计中做出选择——不能被降为简单的计算；这些选择意味着要深度讨论什么是值得做的事："人们的所有讨论，不论以何种方式进行，都是关于什么是值得的……对'要做什么'的讨论，实际上就是对'什么值得做'的讨论。"[3] 换言之，作为人类，认为我们所做的"不过是一份工作"，实在是对我们的力量和能动性的低估。对城市主义者来说，思考城市的生产和创造如何作为一个充斥着大大小小道德选择的政治过程，是很重要的，因为我们所生产和创造的事物都会带来切实的政治和道德影响。当我们留意现实真正的形成过程，我们就有了巨大的力量，通过"减少人的痛苦、促进人人平等、让所有孩子愈发能够从生命伊始就有均等机会获得幸福"[4]，让我们自己的生活和这个世界明显变得更好。

然而，对詹姆斯、罗蒂这些实用主义者来说，通往这些令人期待的结果的道路并非清晰可见；相反，必须经过道德斗争才能抵达。这些斗争的结果，往往来自于对想象力的运用，也可能会带来实用主义者口中的道德发展，即"因越来越多样的人群和其他生物的需求而提高的敏感度与责任感"[5]。城市主义者尤其要做好准备，把想象力应用到政治行为中，以实现道德发展。城市主义者展现出的独特能力之一，就是经过创造性思考和形象思维能力的训练，尤其是通过想象能够极大改善未来城市的另一些完全不同的现实而形成的想象力。由于融合了跨学科手段和创造性思考，在重新规划除了既有的分明的学科界线和前沿的空间配置之外的城市 - 设计 - 建造过程时，城市主义在多个学科和领域中显得格外独特。

事实上，来自建筑学、景观建筑学、城市设计、城市规划等不同领域的城市主义者为改变当前状况发挥了巨大的作用和潜能，正如莎伦·佐金提醒我们的：

> 这些关于结构变更的无比清晰的文化地图，并不是来自小说家或文学批评家，而要归功于建筑师和设计师。他们的成果、他们作为文化生产者的社会角色，以及他们所介入的消费组织，共同实现了大多数物质层面的景观变化。[6]

即便许多实践城市主义者声称自己是非政治性的，但实际上他们通过顺应常规的面向市场的生产和消费的投资，仍然推动了经济和政治权力结构的形成[7]。因此，在政治与设计之间，实际上已有了一种清晰的但未得到大多数人认可的关联，它有可能从根本上重塑城市。

城市主义者也会在他们设计和建造过程、建筑和空间时，代表和表达权力。建筑就是一种具体反映文化价值和政治力量的重要方式，其中意义和政治意图不仅外化为了物质城市，而且总是处于协调之中。人类创造这些象征符号，认为它们

> 把不同个体各种各样的恐惧、希望、认知，浓缩为……一套狭隘的社会强化的概念，（而且）这样的浓缩象征主义让人们觉得，似乎有必要将想法具体转化为一个可见的、可想象的，但不含有任何预警性内容的整体……不仅神的旨意、公共利益、共产主义、民主和公平等词有其象征目的，那些更广为人知的建筑、空间、公共数据等具体表现了政体或社会秩序的某个方面，同样有其象征意义。[8]

尽管对建筑和城市空间的设计可以增进社会融合，但仍然存在彼此冲突的观念。不同的利益集团和权力局势会制造、重视城市的不同方面，营造出一种多元的政治争辩与讨论的氛围。

城市的大多数愿景带有特定的政治隐喻。在戴维·哈维看来，"一些华而不实的隐喻意义随意掺杂在对好的生活和城市形式的情感与信念中，要从中梳理出影响城市生活的日常、微不足道的实践与话语，是十分困难的"[9]。换言之，物质城市的形式不能脱离对城市的社会和政治愿景。

纵观历史，"城市"这一概念承载了许多的意义，它们紧密切合社会、政治现实，包括在"20世纪，城市规划者、工程师、建筑师结合他们对世界的丰富想象（物质和社会皆有），以及基于全新的设计，新建或再造城市和郊区的空间的现实考虑开始着手他们的工作"[10]。

其他城市学者也在探索，城市经济在哪些方面与更大的政治问题、设计问题产生关联，约翰·洛根（John Logan）与哈维·莫洛奇（Harvey Molotch）的著作《都市财富：空间的政治经济学》（*Urban Fortunes: The Political Economy of Place*）正是一例。他们认为，物质城市的品质并不一定依据既定的规则或市场的导向，而是与城市发展有关。因此，物质城市的当前形式可以追溯到特定的经济利益相

关者为获得政治权力而不断斗争的历史[11]。此外，城市也可以被理解为一个增长机器，"社区生活条件在很大程度上是这个增长机器反映出来的社会、经济、政治力量的结果"[12]。

增长机器理论指出，地块不是等待人类施力的空旷场地，它与特定的利益相关，尤其是商业利益和心理关怀。在塑造当代城市中尤为重要的，是那些在增长中获得增殖的地产利益，也正是这些地块组成了当地的增长机器。因此，物质城市与城市的政治动态之间的关系，常常能够清晰地表现在一系列专业领域中，如土地政策和市场、当地政府的政治和官僚阶级流动体系，这些都在很大程度上影响了公共投资与制度。另外，任何城市的未来发展和政治都应照顾到特定城市、社区的情况和环境，这在本章的三个案例分析中也会得到证明。

与此同时，城市主义的政治不是一成不变的。通过对既定环境进行创新的、有策略的干预，总能够找到方法来创造新的进程、新的传统，最终创造新的城市现实。历史学家埃里克·霍布斯鲍姆（Eric Hobsbawm）解释道，我们在日常生活中想当然的大部分事物，可能更多是受到了政治或经济条件的影响，而不是我们一直以为的历史条件的作用。他对"被创造的传统"（invented tradition）的研究观点与第二章谈到的实用主义的偶然性概念十分相似，霍布斯鲍姆写道：

> 不同于有历史的过往，被创造的传统的特质在于其大部分都是编造出来的。简单来说，被创造的传统反映了一种披着旧形势外衣的新形势，或通过近似强制性的重复来建立自己的过去。[13]

本质上，总有比我们当前的想象更具创造性的设想，因为每个新传统——或新确定的行动或实践的方法都是被创造出来的，它是对某个既定条件的创造性回应。因此城市主义者始终有可能为设计与建造城市创造出具有变革性的新传统。

类似的，在看待道德发展时，也应使其远离任何始终不变的传统概念，正如理查德·罗蒂指出的：

> 从实用主义的角度来看，道德发展不是逐渐了解某个始终存在的事物的过程。而是通过创造人类生活的新形式，让我们自己成为新一类的人。当我们有了更多的选择，我们就实现了发展。[14]

接下来的三个案例研究——洛杉矶的惠蒂尔上城特别规划、贝洛奥里藏特的第三水公园、卡拉奇的奥兰吉试点项目——是城市主义作为政治创新手段的三种不同途径，其中的道德发展就通过创造可选项这一行动得以实现。初看之下这是一种温和的行动，但事实上它在每种环境中都至关重要。

惠蒂尔市的惠蒂尔上城特别规划

惠蒂尔上城特别规划（Uptown Whittier Specific Plan）不仅代表典型的美国城市主义形式中的策略

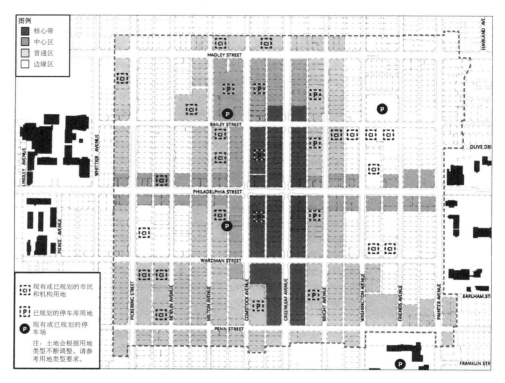

图 5.1 惠蒂尔上城调整方案给出了总体设计框架，在未来数十年内，越来越多的增长和其他改变都会在此框架内发生。
来源：莫尔和波利佐伊迪斯建筑与城市研究事务所

性干预，同时也反映出在城市根深蒂固的以汽车为导向的文化中，当代形式如何立足。惠蒂尔是一座有着 40 平方千米土地、约 9 万居民的中型城市，属于洛杉矶都会区，部分以汽车为导向的文化已经严重阻碍了城市朝着更宜步行、更加经济、更加人性化的方向发展。实践城市主义作为政治创新手段的检验标准之一，就是能否在充满反对因素的复杂环境中，而不仅是在那些人们及整个形势都已经朝向转型的地方，实现根本的改变。

　　惠蒂尔上城特别规划（下文简称"上城规划"）的目标，是吸引更多的投资，带动经济的发展，在被称为"惠蒂尔上城"的城市历史核心区实现更高质量的规划和混合型发展。我们的公司——莫尔和波利佐伊迪斯建筑与城市研究事务所（Moule & Polyzoides Architects and Urbanists），成功在竞赛中突围，这是因为我们以两大核心策略闻名：感性地处理既有的城市肌理，以及用公开透明的方式联结立场各异的利益相关者。我是这个项目的主导者，负责整个过程，包括与一个多学科的设计团队合作、制定最终的上城规划的所有细节，所形成的文件在 2008 年 11 月被惠蒂尔市议会确立为合法文件，并且在此后也可继续对其修订（见图 5.1）。

上城规划提出了该市一系列极其常见的问题，如交通流线与停车、土地的使用、分区与密度、历史兼容性、设计形式，以及基础设施承载力。不过，在与政治领袖和行政机构会谈之后，我们很明确规划的真正意图在于通过城市主义带动经济的发展（如招商引资，包括零售业和房地产）。在这个过程中，我们的另一大发现是，尽管我们的公司（莫尔和波利佐伊迪斯建筑与城市研究事务所）被市政府选为设计方，用高度透明的手段规划未来的惠蒂尔上城，但我们力图透明的过程总是受到市政方面的阻拦。在这样的模糊与矛盾之中，我们仍然继续推进项目，一路做了许多困难的道德选择。举个例子，作为项目负责人，我总是要与那些质疑我们透明而有参与性的设计策略的当地市政官员交涉，因为这一透明性事实上也挑战了他们早已习惯的权力与控制力。

选区建立和停车优化

对上城规划的案例分析主要集中在两种形式的政治创新手段上：第一是为人性化的城市主义创造一个前所未有的政治选区；第二是对这座以汽车为导向的城市的一大特色——停车——进行优化，以实现一个更加以行人为导向的未来，虽然这看起来是背道而驰的。整个设计过程中，我们与社区紧密合作，这样他们才有可能在当地政府主导的项目设计和发展中表达自我意愿，并且让他们选举出的代表为惠蒂尔城市主义的质量负责。此外，大量的社区领袖与市民表达了他们的想法，把解决惠蒂尔上城停车场不足的问题视为当务之急。于是我们对此进行了优化，设计了一个停车方案——再一次背道而驰地——实现了停车场数量的减少。我们使用了更有策略的停靠方位，设计了一个管理方案并以此实现了迫切需要的财政收入，最后把停车场融入一个更大的设计之中，即对整个紧凑、宜步行、多功能、对行人友好的区域的设计。

这个案例研究的两方面——选区建立和停车优化——以一种有趣的形式联系在了一起。市民表达的主要问题，即停车场数量的不足，事实上是在市民需要的地方（如每个人都想在目的地大楼前最近的位置停车）和需要的时候（如高峰时期每个人都想停在最方便的位置）缺少停车场。我们的研究也显示出，现有的停车场空间其实远远超过惠蒂尔上城的实际需求（见图 5.2），所以真正的挑战是如何分配、管理更少的停车空间，同时提供步行、自行车、公共交通等替代项。由此我们利用上城规划这一主要关注点和一些技术，实现了备受期待的公众对话，并动员惠蒂尔的各个社区。此外，比起传统设计师和城市主义者期待的某些轰动一时的单独项目，一些技术细节的设计，如停车的指南、标准、系统等，将会在数十年中为当地带来真正的改变，意义更为重大。

用参与式过程分散权力

第一步是设计一个密集的公共介入过程，包括采访、焦点小组、公共会议、集体实地探访，以及为期一周的关于公共设计的专家研讨会，一些关键决定都是在现场公开做出的（见图 5.3）。我们设计

图 5.2 图为一处相对空旷的地
面停车场，其所在地被认为是
惠蒂尔上城区内密度最大也最
宜步行的地方。
来源：阿西姆·伊纳姆

图 5.3 居民积极参与为期一周
的关于公共设计的专家研讨会，
会上他们对设计团队的想法提
出了质疑，并为关键决定贡献
了意见。
来源：阿西姆·伊纳姆

让惠蒂尔市政方面直接参与整个公共过程：市长、市议会、规划委员会、设计审查委员会、规划员分别介入不同的工作阶段。另一方面，我们也努力通过个别讨论、焦点小组来联合非营利组织、社区团体和市民：共有 112 名市民和 37 个小组参与其中，这数量在一个仅有 35 个街区的地区已经相当可观了。

与此同时，在项目推动的早期，关于市政方面会在何种程度上真正认可我们设计的参与式过程、能表现得多透明，我们在设计团队内部也进行了严肃讨论[15]。虽然城市领导者习惯于集中权力来主导事情的发展，但是我们仍然希望尽可能广泛地分散这种权力。举个例子，惠蒂尔历来就有许多教会致力于提供公共服务，如职业培训、流浪者收容、接济贫困人群。我们也通过各种方式介入教会及其社会服务。我们与宗教领袖讨论他们的关注点，希望他们把所拥有的众多停车场转用于建设经济适用房，将他们的车辆移到我们设定的公共停车楼内。在这个过程中，我们推动不同教会建立合作，而这些从未在惠蒂尔出现过。

尽管上述的努力对于发展出更具参与性的过程最为重要，但要把惠蒂尔的本地政治引上正确的道路，挑战依然不断。整个过程中，市政执政官坚持把这个项目称为"莫尔和波利佐伊迪斯规划"，即便它的官方名称是"惠蒂尔上城特别规划"。通过不断地称之为"莫尔和波利佐伊迪斯规划"而非"上城规划"，市政执政官与政府机构避免了对这个规划负责，也破坏了我们已经开始的合作。举个例子，市政执政官这样撰文回复一位市民：

> 这个规划仅仅是咨询师给出的 100% 的草稿。咨询师根据合同有义务给出规划方案，市议会和规划委员会也都已阅读完毕且提出了问题，但目前来说，修改这一方案并不在他们的职权范围之内。对该规划案的评估与提出修改意见都是公共过程的一部分，而这一过程还没开始。[16]

这显然是不真实的，市政执政官发表这一言论的时候，我们的公共过程已经开展了一整年，且我们的公开草案也已被递交到规划局。

我们发现设计过程中的最大障碍，事实上正是市政执政官及其预算。他在一封邮件中写道："基本上，我只是希望每一个财政项——景观、停车楼、计费表等——都由使用个人或团体承担费用，都有对应的收集资金的方法（即为地区估值、开发商缴费），而我必须做的就是让他们意识到自己应该为这笔支出买单。"[17] 还有一些时候几乎就是质疑我们浪费他的预算："除了融资，你们是不是还有能反映市内各个子单元所受影响的资金流，证明我们有能力发行债券而非增加税收以至于想要钱就来钱？"[18] 总之，市政方面就是想把所有的财政责任都推到设计团队身上。我们在事务所内部也进行了一次很激烈的争论，讨论我们是否应该在设计师的角色之外走得更远，为了完成这个项目什么都做。但我想毫无疑问，我们应该这样做，尽管我也知道这需要锲而不舍的努力。

停车和极具变革性的城市主义

我们面临的另一个挑战，便是在一个政治和社会都较为保守的环境中，如何实现重大的改变。惠蒂尔市属于加利福尼亚南部核心的洛杉矶都会区的一部分，这个都会区广为人知的，就是低密度的土地利用和分区，以及汽车主导的城市发展模式——通常所说的城市"蔓延"。此外，汽车文化在这里根深蒂固，汽车相关服务象征着社会地位和个人表现，这可以从物质城市中覆盖范围很广的高速公路网、宽阔的街道、大量的停车位中窥知一二。对我们来说，要在这样的情况下引入一个更加人性化、以行人为导向的城市主义是有挑战性的。但我们最终做到了，通过有策略地设计，以及利用现有城市肌理中的一大关键因素——停车，实现多功能、更高密度的土地利用，创造了一个可步行的城市环境。

在创造活跃城市和人性化环境的过程中，如果没有合适的停车标准、环境调整、设计中对场地的敏感，停车就是最应被抑制的一个元素。传统设计下的停车场和车库毫无吸引力，而且还在既有肌理中制造了裂缝，各种路缘小斜坡和车道都给步行和骑行者带来了潜在的危险。从土地利用的角度来看，过多的停车场占用了原本可以得到更好利用的空间。从 20 世纪 50 年代开始，美国城市的停车标准和规范产生了许多负面效应，包括如下这些[19]。

- 住房支付能力不足：每个停车空间都与一个住宅单元相连，基本上增加了 20% 的单元成本，因土地被用于建设停车场而非住宅单元，减少的单元数量也多达 20%。
- 降低了可步行性和交通连接性：对可实现的密度来说，停车需求是最大的单一决定因素。当密度降低，在步行距离内提供服务和实现便利公共交通的机会就相应减少。
- 更严重的交通堵塞：停车成本隐藏在租金、物品或服务价格之中，会导致强烈的驾驶动机。即便在郊区，汽车出行率也会因为停车补贴的终止而降低 15~40 个百分点。
- 城市地点的郊区化倾向：在功能单一、交通服务或步行设施不充足的偏远地点，停车需求会大幅增加。而这些糟糕的规划方案之后还被错误地应用于创造最低标准的多功能、高密度、行人友好的环境中。

面对这样一个深受战后传统的蔓延式城市增长模式影响的地区，如何才能实现根本的改变？在上城规划中，我们一步步增加内容，来描述我们的想法，令这样的改变可实施、可接受[20]。在最近的阶段（即在规划实施的一年内），我们致力于提高现有停车空间的收入，增加财政收入，以支持惠蒂尔上城公共领域的维护。为了实现这一目的，不仅要设置停车计费表，还要对暂无限制的主商业街的路边停车予以严格的管制。"一停"（Park Once）区域（即下文描述的一种停车管理方案）将会提供共享的集中停车空间，从这里到许多市区重要地点都可步行到达。短期阶段（即在规划实施后的 1~5 年）的任务，则是在主商业街最有需求的路段安装太阳能街边停车计费机器。另外，规划还指出，对现有的、未被使用的停车楼进行整修，同时新建一些类似"一停"的公共停车楼。在中期阶段（即在规划实施后的 5~10 年），随着停车需求的增加，可以新建二到四个"一停"停车楼，此时有了可利用的土地，也有更多的资金开始流入上城。最后，从长期来看（即在实施后 10~20 年），惠蒂尔市政可以收回大部分运作成本，尤其是通过停车费的征收。多余的财政收入则可以用于提供服务、项目和活动，包括如下这些。

- 定期清洗人行道；
- 景观维护（如树、花盆、草坪）；
- 开展"上城大使"项目，为参观者提供帮助，借助"路上的眼睛"保障他人安全；
- 改善街道照明；
- 举办特别活动，如艺术节或音乐节；
- 给小型企业提供教育项目，以提高其收益率。

除此之外，通过与政府工程师、经济学家和公共官员的合作，莫尔和波利佐伊迪斯团队还为未来的公共停车楼做了规模和成本方面的设计与估算，指明了可利用的公共与私人资金来源。虽然"一停"停车楼的真实选址还要取决于未来的市场力量和发展模式，但是确立了具有指导意义的发展门槛（譬如对于新的零售和商业发展项目，一个"一停"停车楼服务大约 7440 平方米面积），允许其灵活调整的同时，明确了总体意图 21。规划预估每个停车楼可服务方圆约 183 米的步行区，内有 240 个停车位，但也表示到 20 年之后，也要根据发展需求建设新的停车楼。建造这些停车楼的资金可以来自对现有乱停车现象的管理处罚和（或）部分公共、私人开发合约带来的收入 22。许多城市主义者可能不会重视这些资金问题，但我们觉得从长远来看，要获得出色的成果，投资策略绝对是关键，何况这还是惠蒂尔最有权力的公共官员——市政执政官最大的关注点。

设计"一停"系统的关键在于它的管理，尤其是精确的计价和浮动型费用的收取。惠蒂尔上城在主要街道提供 2 小时的免费停车，例如主干道和次干道——格林利夫大道（Greenleaf Avenue）和费拉德尔菲亚街（Philadelphia Street）。如果没有明确收费，雇员们常常倾向于占用有价值的空间，如商店或办公室的正前方。这些本可产生不少零售业税收的空间还有可能被那些无须频繁光顾餐厅或商业场所的人占用数个小时 23。停车费带来的收入可以用于金融区的改善，包括景观建设、垃圾收集、定期街道保洁和公共安全服务。上城规划还进一步提议，针对路边停车安装太阳能电子计费机器。这些机器的主要目的是随时间灵活调整价格，帮助维持一定的车位空置率。

设计"一停"管理区是一种创新策略，目的是促使惠蒂尔上城的城市肌理发生长期改变。规划中将这个空间定义为行政区，使其归于市政府的组织和管理。除了定价策略和停车规范的修订，"一停"区由几个与市中心融为一体的停车楼组成，这样一来你只需把车"一停"，就可以步行前往不同的目的地，减少了多次开车的需要，也能根据不同的土地利用和建筑类型来分散停车。"一停"为住宅和商用混合的土地类型做了补充，因为前往同区域内的零售商店和其他目的地可以通过步行实现，甚至完全被步行代替 24。"一停"同时达成了三个目的。第一，通过公共停车，如在路边、小的地面停车场、

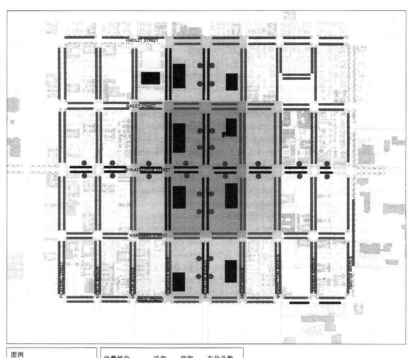

图 5.4 停车策略图显示出街道边和远离街道的设施，围绕中心的深色区域代表在邻近零售业核心地段较高的计费和较短的停车时长，浅色的区域代表较低的计费和较长的停车时长。点代表着路边停车的太阳能电子计费机器的设置点。
来源：莫尔和波利佐伊迪斯建筑与城市研究事务所

图例

高收费停车区
中收费停车区
低收费停车区
停车库
纵列式街道停车
斜列式街道停车
● 停车计费器

收费档位	沿街	背街	车位总数
高档	618	1185	1803
中档	450	1047	2009
低档	1271	313	763
免费	3281	—	1251
车位总数	3281	2545	5826

注：数字不包括私人住宅区内的车位。

停车楼内停车，每种用途的停车位需求量减少。第二，通过对车位使用人群的分类，最大限度地利用了共享型停车楼，譬如在白天给购物和工作人群停车，晚上用于文化和休闲活动，过夜时间则留给上城居民。第三，由于大部分驾车者停车后都是步行前往目的地，行人们也能避开驾驶环境，因此既活跃了街头的公共生活，又让行人便捷可达的零售商铺和服务机构又热闹了起来[25]。

　　停车费价格的设定直接与物质城市的常规模式相关。上城规划图中，不同色块的地区显示出从低到高的停车费等级是与发展势头相关的（见图 5.4）。最受欢迎、最便利的位置价格相对高，每次使用时间也相对短（如上城市中心的路边），不太便利的位置则相对低廉、可长时间使用（如距离商业中心几个街区处的公共停车楼）。我们也设计了一种建筑类型，名为 liner，本质上是一种紧凑型的停车楼，

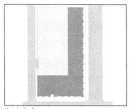

Illustrative Plan Diagram   *Illustrative Axonometric Diagram*   *Illustrative Photo: Liner with retail spaces on the first floor*   *Illustrative Photo: Top floor is stepped back to decrease its height impact*

4.4.10 Liner

A building that conceals a larger building such as a public garage that is designed for occupancy by retail, service, and/or office uses on the ground floor, with upper floors also configured for those uses or for residences.

A. Lot Size
1. Width: Minimum: 125 ft; maximum one-block
2. Depth: Minimum: 100 ft

B. Access

1. Standards
(a) The main entrance to each ground floor commercial or residential storefront is directly from the street.
(b) Entrance to the residential portions of the building is through a street level lobby, or through a podium lobby accessible from the street or through a side yard.
(c) Interior circulation to each dwelling is through a corridor.
(d) For corner lots without access to an alley, parking is accessed from the side street through the building.
(e) Where an alley is not present, parking is accessed from the street through the building.

2. Guidelines
(a) Elevator access should be provided between the garage, and every one of the levels of the building.
(b) Where an alley is present, parking may be accessed through the alley.

C. Parking

1. Standards
(a) Required parking is accommodated in an underground or above-grade garage, tuck under parking, or a combination of any of the above.
(b) Dwellings have indirect access to their parking stall(s).
(c) Services, including all utility access and above ground equipment and trash are located on alleys.
(d) Where alleys don't exist, utility access, above ground equipment and trash are located as provided under the urban regulations for each zone.

2. Guidelines
(a) Parking entrances to subterranean garages and/or driveways are located as close as possible to the side or rear of each lot.

D. Open Space

1. Standards
(a) The primary shared open space is the rear or side yard designed as a courtyard. Courtyards can be located on the ground or on a podium. Side yards may also be formed to provide out door patios connected to ground floor commercial uses.
(b) Minimum courtyard dimension shall be 20 feet when the long axis of the courtyard is oriented EW and 15 feet for a NS orientation. Under no circumstances will a courtyard be of a proportion of less than 1:1 between its width and height.
(c) In 20 foot wide courtyards, frontages and architectural projections allowed within each urban zone are permitted on two sides of the courtyard. They are permitted on one side of 15 foot wide courtyards.

2. Guidelines
(a) Private patios may be provided at side yards and rear yards.

E. Landscape

1. Standards
(a) In the front yard, there is no landscape, but the streetscape.

2. Guidelines
(a) Courtyards located over garages should be designed to avoid the sensation of forced podium landscape.

F. Frontage

1. Standards
(a) Entrance doors on public rooms, such as living rooms and dining rooms are oriented, to the degree possible, fronting toward the courtyard(s) and street. Service rooms are oriented to the degree possible backing to corridors.
(b) The applicable frontage requirements apply per Section 4.5 Frontage Types.

2. Guidelines
(a) Frontage types that provide a transition from public to private, indoor to outdoor at the entrance to commercial ground floor spaces are allowed. Storefronts and arcades are preferred.

G. Building Size and Massing

1. Standards
(a) Target height ratios for various liners are as follows:

Table: Allowed massing by story			
Max Ratio of Each Story in % of ground floor			
1	2	3	4
100	100	100	80

(b) Each dwelling must have at least one side exposed to the outdoors with direct access to at least a dooryard, patio, terrace, or balcony.

2. Guidelines
(a) Buildings may contain any of three types of dwellings: flats, town houses and lofts.
(b) Dwellings may be as repetitive or unique as deemed by individual designs.
(c) Buildings may be composed of one dominant volume.

H. Accessory Dwellings
Not Allowed

图 5.5 liner 大楼和停车标准提供了策略参数，借此"一停"停车场可以适应惠蒂尔上城目前的城市肌理。
来源：莫尔和波利佐伊迪斯建筑与城市研究事务所

挨着其他活动场所，如商铺、办公区、住宅区。liner 与"一停"在停车原理上是一样的，但是比起传统混凝土车库冰冷而粗野的设计，它创造了一种有更高接受度和行人友好度的城市感（见图 5.5）。

惠蒂尔上城的结果

城市政治和转型显然不是对某个宏大愿景的瞬间理解。设计城市主义项目的效果，更多时候依赖于对杂乱和看似常见的本地政治与政策的干预。惠蒂尔案例研究让我们看到了某些普遍存在却十分关键的城市形式，如停车系统和本地政治协商。虽然这一案例和诸多相关讨论是针对美国的情况，但是从这些分析中获得的思考却可以被应用在世界其他仍在以各种方式解决汽车问题的地方。而且可以预见，无论对其他交通模式的投资如何增加，汽车仍然会是未来城市生活重要的一部分。

为未来转变城市，任务之一就是要发展出有助于实践作为政治创新手段的城市主义的一整套设计策略和政策工具。利用看似与技术和法律法规不太相关的议题，如惠蒂尔上城的停车问题，可以实现政策的自动性，即优化现有的行政结构来进行自我运作，而无须另辟专门的行政机构[26]。自动性增加了实施的可能性，放大了对物质城市的实际影响力，因为它减少了必要的新的公共管理类型的数量。自动工具的一个很大的优势在于追逐新目标时，它们总有可能从现有系统中获得帮助。因此，为了实现相对宏大的结果，一个关键的设计策略就是利用看似平凡无奇的政策工具。

在创造城市主义的政治偶然性和优化停车以创造人性化的城市主义上，上城规划已经向前迈进了一大步，但它仍有许多难以实现的目标。尽管莫尔和波利佐伊迪斯设计团队和作为项目负责人的我都已经付出了最大努力，社区的利益相关者仍未能如我们所愿般积极主动。不同团体之间常常会产生激烈的纷争，而当他们参加公共会议时，惠蒂尔的保守文化导致社区领袖不会做出有针对性的发言。类似的，规划委员会和市议会希望在最后结果中看到这两点：在惠蒂尔上城创造一个更加尺度宜人的、对行人友好的环境；能够支持商业运转的大量可见的停车位。无论我们做了多少解释、说明和倡议，政府官员还是选择为新的商业发展增加停车场地。

不过总体来看，上城规划中应用的方法的效用已经反映在实施过程中，甚至在规划完全成形之前，它就已吸引了许多目光和投资，也获得了美国规划协会颁发的颇具声望的奖项。此外，在对惠蒂尔进行分析时，还有一个关键问题冒了出来：在城市主义的设计过程中，市政预算重要吗？在很多案例中，答案都是绝对重要。尽管设计师和城市主义者历来都不会练习设计市政预算，但这些预算常常是城市项目的关键。我们能够在惠蒂尔上城项目中完成这一任务，是因为我们团队的跨学科的特性——我们有一位政府经济学家，不仅通晓预算，而且由于他在此前曾与我们合作过，能够了解设计的许多方面。正如我们将从接下来的贝洛奥里藏特案例研究中看到的，预算过程可以如此富有创新力，以至于产生许多引人注目的结果。

贝洛奥里藏特的第三水公园

对第三水公园〔Parque Da Terceira Água，或 Third Water Park〕的案例研究，描述了一种明确的政治进程——参与式预算——带来的引人注目的结果，这是巴西城市民主决策的开创性的一次尝试。这个过程当然存在缺陷，但无论如何它也表明了这样的政治创新手段可以带来令人愉悦的结果。对第三水公园的设计也是值得记录的，因为它富有创造性地解决了严重的问题。公园所在的丘陵地带在暴雨季节经常遭遇山体滑坡和洪水，再加上低收入家庭擅自占地和排放污水，致使环境日益恶化。这个案例把参与式预算的过程和一个物质性结果联系了起来，二者都是极具有变革性的，尤其是当这二者都发生在一处贫民窟——或是说非正式居住地，这个贝洛奥里藏特市最贫穷的地方之一时（见图 5.6）。为了更好地理解这个案例，我们先看看它在这个非正式部门中的状态。

非正式性的背景

"非正式部门"（informal sector）这个词是在 1971 年由一位英国人类学家基思·哈特（Keith

图 5.6 在贝洛奥里藏特等非正式居住区的绝大部分住房都属于非正式建造，即通常没有合法的土地所有权，未经法律允许，采用如图所示的自建房形式搭建而成。
来源：阿西姆·伊纳姆

Hart）提出的，他当时在研究从加纳北部迁往首都阿克拉的一群没有技能、找不到固定工作的移民的低收入活动[27]。这种非正式经济包括各种各样的活动，从业者遍及世界各地。

　　墨西哥城的街头小贩，纽约市的手推车小贩，加尔各答的人力车夫，马尼拉的小巴司机，波哥大的废品收集者，德班的路边理发师。这些在街头或露天环境中工作的人是最易察觉到的非正式工作者。其他则在小商店或工作坊里：他们修理自行车和摩托车，回收废旧金属，制作家具和金属零部件，制革和缝鞋，编织和染印布料，打磨钻石等各种宝石，制作和缝绣衣物，分类和售卖衣服、纸张、金属废料，等等。这些不易被人看到的非正式工作者大多是女性，离开家庭出来工作。家庭工也可以在世界各地见到，他们包括：多伦多的制衣工，马德拉群岛上的绣工，马德里的制鞋工，利兹市的电子零件装配工。还有一些在发达国家和发展中国家都可见的近似非正式工作的工种：餐厅或酒店的兼职工，外包保安和门卫，工地和农场按天计酬的短期工，血汗工厂里的计件工，办公室的临时助手或是无须到现场的数据处理员。[28]

　　非正式经济导致的直接结果就是非正式居住区，在世界上很多地方也被称为"贫民窟"。事实上，这些

　　发展中国家城市的大部分贫民窟居民，都依靠着贫民窟内外的非正式部门的经济活动而生存，而且许多贫民窟内的非正式部门的企业也有来自城市其他地方的客户。大部分贫民窟

居民都在制衣厂、固体垃圾回收站、各种家庭工厂等的非正式岗位上从事着低回报的工作，许多是佣人、保安、计件工、个体经营的理发师和家具制作工。这种非正式部门是贫民窟的主要生计来源。[29]

要如何定义贫民窟或非正式居住地呢？根据联合国的说法，非正式居住地在本质上即"住房和基本服务等需求无法得到满足的居民集中居住的区域……通常不被公共机关视为城市的必要组成部分"[30]。非正式居住地的所谓"非正式"，是因为其土地所有权或租赁协议通常是非官方或法律管辖之外的："许多定义都认为贫民窟的主要特点是缺乏正当使用土地的安心感，并且凭着初步判断就认为，土地或建筑所有权的相关正式文件的缺乏证明了贫民窟土地使用的非法性。"[31]尽管"贫民窟""违章居留地""棚户区""非正式住房""低收入者社区"等词语在不同场合被交替使用，但由于"贫民窟"带有一种轻蔑而高傲的态度，我更倾向于使用较为中性的"非正式居住地"，包括在本书中的使用。

更好地理解非正式居住地的概念和现实情况，除了有助于深入了解本章提到的贝洛奥里藏特和卡拉奇的案例之外，又有何意义呢？迈克·戴维斯（Mike Davis）通过大量的资料，为我们描绘出这样一幅惊人的场景：

> 未来的城市，并不是像早期城市主义者想象的那样由玻璃和钢铁构成，而是由未加工的砖块、稻草、回收的塑料、水泥块、零碎木料建造而成的。21世纪的城市并没有离天堂更近一些，反而大多数显得肮脏不堪，到处都是污染、废料和腐蚀物。[32]

他用数据论证了这一惊人而理智的观点：卡拉奇的贫民窟（katchi abadi）人口每十年翻番；印度的非正式居住地比总体人口的增长速度快250%；在肯尼亚1989—1999年增长的人口中，有高达85%出生于内罗毕和蒙巴萨的非正式居住地；圣保罗的贫民窟（favela）人口数量在总人口的占比从1973年的1%上升到1993年的20%左右，而在整个20世纪90年代每年都要增长16%[33]。正如贝洛奥里藏特案例展现出来的，非正式居住地将会继续成为城市的重要组成部分，这不仅对城市主义者而言是个棘手的挑战，也是城市转型的唯一机会。

项目概述

第三水公园位于巴西贝洛奥里藏特市一处名为塞拉聚落（Aglomerado de Serra）的贫民窟（或者说非正式居住地）的腹地，是非正式居住地大型改造工程"活态村"的一部分。贝洛奥里藏特的私人建筑事务所M3 Arquitetura负责公园的总体规划，并设计了一个醒目而简洁的社区中心。贝洛奥里藏特在巴西的东南部，是该国的第六大城市，有480万人。大型工程活态村和其中的第三水公园项目从三方面深化了对专业城市实践的常规定义，反映了作为政治创新手段的城市主义。第一个，也是最重要的方面，它脱胎于巴西率先实施的市政高度民主的参与式预算。第二，由贝洛奥里藏特的政府官员、城

市主义者和一位生态学者共同研究出了一套
干预手段，直接介入低收入社区，再造贫民窟
内的自然生态系统。第三个方面是一系列有非
营利组织和大学参与的社会经济合作计划，开
设了一些与教育、职业培训、收入提升等相关
的课程。总之，这个公园证明了，作为政治创
新手段的城市主义实践源于较大规模的政治
过程，包括参与式预算、全球特别计划、活态
村工程，它们彼此关联。对此我们会在接下来
的小节具体展开描述。

通过参与式预算介入政治过程

　　参与式预算这一先锋性的政治过程，起
源于 1989 年巴西阿雷格里港的一系列事件：
城市激烈的社区运动，工人党的执政权选举，
1988 年巴西宪章新提出参与基础设施建设的
合法化，新市长上任 30 天内就出现民众参与
的需求（即社会运动激发了民众参与健康、教
育和住房方面的需求）[34]。参与式预算在三个
方面体现了其重要意义，且取得了一定成果：

图 5.7　贝洛奥里藏特数千名普通市民中有一小部分参与了参与式预算过程。
来源：贝洛奥里藏特市政厅

拓展阿雷格里港民主实践的范围并在之后延伸至巴西其他地区；拓展巴西贫困人群获得公共利益的渠
道；通过推选有更少裙带关系、面对问题更一视同仁、产生于所在社区政治动员的新领袖，更新巴西
政治精英的组成[35]。

　　巴西的参与式预算在本质上就是让成百上千名市民在公开的公共集会中展开讨论，决定他们自己
区域内优先投资的项目（见图 5.7）。1996 年，这种参与式预算被联合国人居署第二次会议选为城市主
义的最佳范例，成了工人党执政的标志，此后该市多位市长也沿用了这一手段[36]。

　　参与式预算过程的第一步是政府代表和社区之间的磋商，需要举行多次区域会议，讨论参与式
预算实施方针和前期预算的资金筹集[37]。与会者之后回到自己的社区开展内部会议，决定在下一轮子
区域的集会中要提出哪些是重点项目，选出子区域的委派人，形成项目提案。在每个区域选出 25 个
项目后，市政官员会一一考察提案项目，针对可行性做出技术评估。第二步，区域委派人巡视提案项目，
再投票选出之后进一步推动的 14 个项目。委派人也会投票选出区域代表，组成居民委员会，与政府

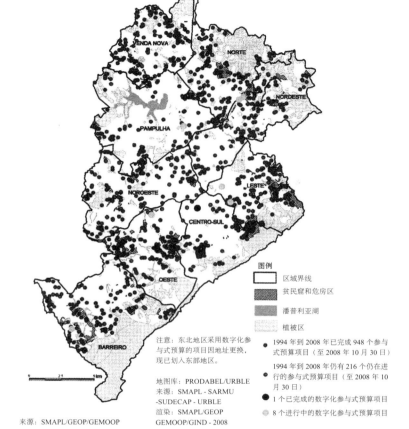

图 5.8 这张地图反映了 1994—
2008 年在贝洛奥里藏特市各地开
展的近 1200 个参与式预算项目，
包括在塞拉聚落这样的贫民窟内
的项目。
来源：贝洛奥里藏特市政厅

注意：东北地区采用数字化参
与式预算的项目因地址更换，
现已划入东部地区。

来源：SMAPL/GEOP/GEMOOP

地图库：PRODABEL/URBLE
来源：SMAPL - SARMU
-SUDECAP - URBLE
渲染：SMAPL/GEOP
GEMOOP/GIND - 2008

图例

区域界线

贫民窟和危房区

潘普利亚湖

植被区

• 1994 年到 2008 年已完成 948 个参与
式预算项目（至 2008 年 10 月 30 日）

1994 年到 2008 年仍有 216 仍在进
行的参与式预算项目（至 2008 年 10
月 30 日）

● 1 个已完成的数字化参与式预算项目

◉ 8 个进行中的数字化参与式预算项目

共同制订最后的预算方案。这些委员会成员需要在接下来的两年中跟进每个预算提名项目的发展进程（见图 5.8）。

　　近年来，贝洛奥里藏特市努力利用信息科技手段，增强参与式预算过程的包容性。从 2006 年开始，为了保证那些无法上网的人也能参与进来，市政府提供了 150 多个聚集点，如公共和社区机房、市立互联网中心、作为公共选举中心的市立学校等，以便市民参与选举。手机免费拨号投票的推出，又进一步扩大了参与范围[38]。

全球特别计划

自 1998 年以来，全球特别计划（Plano Global Específico）就一直作为干预行动获批的前提，并进一步通过参与式预算过程决定经费。全球特别计划需要标注、收集来自非正式居住地的数据，希望参与式预算过程能够参考这些数据、实现更好的资源分配，该计划还有助于明确每个居住地的需求并确立其中的重点。举个例子，由于全球特别计划对贫穷和社会脆弱性有着较高的关注度，它可以被用于确定重点地区、规划政府性社会工程。全球特别计划的一个关键标注工具就是 GIS，即地理信息系统，它可以有效辅助参与式预算。通过基于地理信息的参考数据，就能处理所有与参与式预算相关的信息，包括借助依照主题（如贫民窟改善、基础设施、健康、教育）或地理规模（如区域、社区、街道）分类的参与式预算、使市政府获知各议题当前状态的地图。

这个周密的全球特别计划由一个跨学科团队主导，这个团队拥有不少于 12 名专家，包括工程师、建筑师、社会学家、健康工作者、经济学家和社会工作者[39]。整个过程中，需要与社区领袖举行无数次会议，多次召集区域全体人员，保证每一个问题都得到处理，并找到真正的重点问题。从意见达成一致到最终问题解决，通常要花上几年的时间。但也正是通过这样的过程，贝洛奥里藏特市最贫困地区的低收入人群住房问题，有史以来第一次被列为市政府重点项目之一。通过全球特别计划的考察，塞拉聚落贫民窟（第三水公园所在地）的许多问题也浮出了水面，包括最基本的基础设施的缺乏、环境恶化（这也是建造第三水公园的主要动机之一）、公共交通不便和教育资源短缺。

全球特别计划也被视为"活态村"工程的支柱。该工程是 URBEL（Companhia Urbanizadora e de Habitação de Belo Horizonte，贝洛奥里藏特住房与城市化公司）于 1961 年发起的一个重要倡议，目的在于管理政府土地。1993 年以来，该项目也开始负责执行政府的住房政策，对贫民窟进行干预[40]。由于全球特别计划已经列出了优先干预的推荐项，贫民窟升级改造工程的推进得以更加有条不紊，而且这也有利于 URBEL（下文简称城市化公司）对巴西联邦政府的资源进行资本化。

活态村工程

诸多特点令活态村（Vila Viva）工程格外引人注目。活态村是巴西规模最大、最复杂、工期最长的一项贫民窟升级改造工程[41]。这一工程试图覆盖到方方面面，达到三大总体目标：土地合法化和所有权明确化，基础设施和基本服务的升级，实现社会经济发展。由于联邦政府着手立项，并专门拨款用于贫民窟升级和基础设施建设，加上前文提到的全球特别计划的诊断结果，活态村工程迅速地从一纸文书发展为在建工程。诊断结果的引入还在很大程度上令贝洛奥里藏特政府对贫民窟的态度发生改变：如今这些贫民窟被视为城市不可分割的一部分，而不再被视若无睹。

活态村工程邀请了一些顾问和合约方根据前面提到的三大总体目标来进行诊断。工程还强调了在全球特别计划诊断过程中的社区参与，但因为这项工程是分包给了私人专家，所以实际上各个贫民窟的社区参与程度并不相同。一些顾问雇了社区成员来帮助形成诊断文件，另一些则通过社区会议和参照群体保证社区参与，评估结果而非给出诊断意见。确定的问题地区、可用资源、各种政治议题在需求的基础上形成了一个排名体系，因此随之而来的干预和项目多由政府发起[42]。管理方则包含了三个主体：执行项目的市政府委任的私人工程公司，社会和技术顾问，监管财务的拉丁美洲最大的国有金融机构联邦储蓄银行（Caixa Econômica Federal）的代表[43]。

而当政府一着手干预，活态村工程就开始推动贯穿整个项目始终的本地社会工程。这是为了与居民更好地沟通，全力帮助直接受到项目影响的家庭[44]。正如第三水公园案例所体现的，项目有可能位于人口密集的区域，施工时周围居民仍然在其中生活、工作[45]。通过活态村工程中的搬迁和重置项目（Programa de Remoção e Ressentamento），住在斜坡等高危地区的居民或那些直接受到施工活动影响的人们都得到了重新安置。被选到的居民会获知这一消息，也有私人顾问针对搬迁方案提供咨询，项目方则会负责把这些家庭搬到临时或永久的住所。

贫民窟再设计 / 公园再设计

塞拉聚落是贝洛奥里藏特面积最大、历史最悠久的贫民窟，因此它也是第一个被活态村工程选中进行升级干预的地点[46]。事实上，塞拉"聚落"（即葡萄牙语中的 aglomerado）由 6 个非正式居住地组成，官方人口数据是约 46 000 人和 13 000 个家庭，但非官方统计可以达到双倍之多。城市化公司选择重点升级塞拉聚落中部分选定区域的基础设施，以提高道路的总体连接性，处理逐渐恶化的污水排放问题。自从 2004 年在塞拉开始活态村工程以来，已实施了四个主要项目：为那些因其他三个项目而搬迁的居民建造新的低收入者公寓；主干道卡多苏大道（Avenida do Cardoso）的拓宽；狭窄车道和小巷的拓宽；生态公园和休闲活动场所的建造，包括第一、第二、第三水公园（见图 5.9）。项目施工征召的 1400 名工人中有 80% 来自贫民窟。到 2012 年，活态村工程在塞拉聚落投入的费用达到 1.1 亿美元，其中约 30% 来自市政府，其余 70% 来自联邦政府[47]。

与巴西其他贫民窟类似的，塞拉聚落也建造于较陡的山坡之上，一直以来不得不面对暴雨带来的洪水和足以摧毁山坡房屋的山体滑坡。此外，沿着陡坡顺流而下的泉水和溪流将这一地区自然分隔，随之产生的地理上的风险使部分地区成为不宜居住的危险地带[48]。环境污染与恶化是诊断出的另一个主要问题，其中包括陡峭山坡上的非正式建筑和住宅、森林采伐、垃圾堆积，以及最终影响城市水供应系统的直接进入小溪和河流的污水排放[49]。这些水污染不仅导致了疾病和儿童死亡率的上升，而且由于其所在的流域被污染，城市基本卫生系统也遭到了破坏。三个"水公园"（这样命名是因为它们的设计中融合了溪水、泉水和雨水）的引入作为一种解决所有这些问题的方法，可谓极富创新性，同时也不乏生态敏感性。由于每公顷 300 人的高居住密度，对塞拉聚落的居民来说，这样的绿色开放空间无疑也是一处备受欢迎的小憩之地（见图 5.10）[50]。

图 5.9 塞拉聚落全景，背景即目前的非正式住房，中间是拓宽的主干道卡多苏大道，几个新的生态公园就在道路的右侧。图中左下方即第三水公园的边缘处。
来源：阿西姆·伊纳姆

图 5.10 两个男孩到第三水公园的溪水旁清洗自行车。
来源：阿西姆·伊纳姆

图 5.11 从第三水公园向塞拉聚落其他地方望去，可以看到人口密集的非正式居住区内，罕有如此大面积的植被茂盛的地区。
来源：阿西姆·伊纳姆

　　为了建设这些生态公园和休闲场所，约 1000 户住在危房中的家庭被搬迁、重置或给予赔偿，以保证原生植物可以生长或得到培育，形成生态景观[51]。培育过程还包括与社区儿童的共同协作，教授他们不曾具备的园艺技能。流经公园的小溪得到清理，只是仍有居民向内倾倒垃圾。卡洛斯·特谢拉（Carlos Teixeira）是第三水公园的设计师之一，曾这样描述过这些干预：

　　　　生物学家贝科·吉布兰（Bacho Gibram）提出了一个不错的项目，带领团队代表市政府的
　　社会救助部种植捐赠的幼苗。他们精心打理的花园位于溪边，一切仿佛浑然天成。社区还开
　　设了课程，传授如何在非正式居住地的小型公共区域种植这些幼苗。[52]

　　当我 2012 年参观这座第三水公园时，它草木茂盛、生机盎然，有清澈的溪水流经其间。植物的规模与密度都令它在塞拉聚落内颇具存在感，而这也是在非正式居住地中十分罕见的（见图 5.11）。遗憾的是，由于预算限制，社区的植树课程一度搁置；而出于担心公园土地被擅自使用，城市化公司用一道高高的栅栏围住了公园，仅留有非常有限的几个出入口。尽管市政府试着尽可能多地介入社区——

图 5.12　BH Cidadania 社区中心外观，由 M3 Arquitetura 建筑事务所设计，是第三水公园总体规划中的一部分。
来源：阿西姆·伊纳姆

尤其是在参与式预算过程中，但对居民天然的不信任感依旧存在。这里的考验在于，如何一面改善参与式的社区赋权过程，打破过去的占地模式，一面创造新的社区自治可能。

　　在第三水公园内部和周边还建有几处社区设施，其中最引人注目的是名为 BH Cidadania 的社区中心，简洁的现代感让它成为一个真正的建筑瑰宝（见图 5.12）。这个社区中心内有专门的培训课程和环境教育课程，还有公共厨房、健身房、托儿所、游戏室、数字中心、木工和印刷的工作坊。由于预算低，建筑设计比较简单：不同活动区由庭院间隔开，走道上方则覆盖有开口的绿色金属箱。建筑是开放而便于进出的，与原本就生长在周围的香蕉树、杧果树和番石榴树融为一体。绿色金属屋顶上除了天窗之外，还在树上方设了几处开口，保证整个建筑的自然通风和采光。在距离这座社区中心很近的地方，还有一个被涂成黄色的供居民锻炼的健身区，只是在我参观时它已遭到了肆意破坏。但无论如何，公园和社区中心这两个均由私人建筑事务所 M3 Arquitetura 设计的项目已表现出参与式预算等政治过程是如何给物质城市带来出色的设计结果的。

设计过程和产物

贝洛奥里藏特市自 1994 年以来，就始终坚持参与式预算，至今已直接动员了逾 37 万居民参与到近 1200 个公共项目中，投入的资金也有将近 1.7 亿美元[53]。这数字确实惊人，而同样惊人的是这些投资，包括学校、健康中心、文化中心、公园和休闲区、低收入者保障房、基础设施项目等，给诸多城市地区带来的城市发展，尤其是贫民窟及其周边社区发生的改变。参与式预算之所以是极具变革性的，是因为它显著增加了对低收入社区的投资，改善了市政服务的供给情况，而且最重要的是打开了一个政治空间，将政治权力分散到边缘人群中[54]。然而，参与式预算仍然难以解决巴西城市中根深蒂固的不平等问题。在贝洛奥里藏特，只有 50% 的市政预算每两年进行一次分配，所以公共财政的潜力并没有被完全挖掘出来。另外，仍有某些团体处于过程之外，如中产阶级和准贫穷人群；而且参与式预算过程中的人为操作可能也始终存在[55]。

参与式预算和第三水公园的案例研究，表现出政治过程与地区规划之间的重要关联。案例中一大关键契机，便是作为发起方的贝洛奥里藏特市政府设计了整个参与式预算过程，这是值得赞扬的。但也有挑战，即要意识到实施中的过程和完成后的产物之间的矛盾，并缓和这种矛盾。在这个方面，一个至关重要的点在于，全球特别计划的方法虽然延续传统的规划流程——数据收集、诊断、提案，但它遵循了我们第三章所讨论的城市作为流体的原则，对于塞拉聚落居民动态的需求给予更负责任、更合适的回应。这个案例，包括下面谈到的奥兰吉试点项目，最终都传达了这样一个主要观点：在设计和城市主义的过程中，有多种方式能够推动民主的深化。

卡拉奇的奥兰吉试点项目

奥兰吉试点项目（Orangi Pilot Project）是本书中给人们生活带来巨大改变的案例，它通过一种意想不到的方式表现出了城市主义作为政治创新手段这一概念迁移。奥兰吉试点项目（下文简称奥兰吉项目）始于巴基斯坦卡拉奇，是一个在非正式居住地增加低成本卫生设备和排污系统的项目，如今已经惠及奥兰吉和更多地区的 200 多万城市居民。令人意外的是，这个意图明确的技术性基础设施规划项目事实上带来了社会的彻底转型。它通过结合社区动员、自助和合作策略，重新赋予了这个极低收入的社区曾被剥夺的公民权利。该项目的成功，离不开围绕感知需求（即卫生设备的匮乏）和技术解决方案（即低成本的排污系统）而进行的逐渐深入的社区动员，但要理解它真正重大的影响，毫无疑问需要将它置于更大的卡拉奇政治、社会、文化、经济环境之中。

转型的背景

在巴基斯坦，贫困人群的大型居住地是城市生活重要的一面。这些居住地被称为贫民窟（katchi abadis），是政府或私人土地被擅自占用或经过非正式划分后形成的非正式居住地[56]。卡拉奇是巴基斯坦的港口和商贸中心，1500 万的总人口中，约 60% 生活在这些贫民窟中[57]。中间人买下这些政府或私人的土地，再进行细分，转卖给穷人，同时以现金或特定地块贿赂政府官员。虽然这些居住地的居民并非都是极端贫困，但大部分缺乏基本的卫生设备和住房基础设施。另外，这些居住地通常没有得到社会管理，如并没有机构来推动实现居民的普遍教育。奥兰吉的一位居民认为这些居住地集合了一些人，他们"了解自身问题，能够说清和回应这些问题"，但仍然"在等待政府之类的外部力量来帮助他们"[58]。奥兰吉项目主要关注奥兰吉镇。该镇是卡拉奇最大的非正式居住地，超过 4160 公顷的土地上集中了约 200 万人[59]。奥兰吉的第一个居住地自 1965 年开始出现，渐渐地这个镇就成了整座城市非正式经济活动的主要据点。

　　奥兰吉镇的背景尤其问题重重，诸如极端暴力、贫困、性别不平等，都给社区管理和各种项目的实施带来了挑战。自从 20 世纪 80 年代中期以来，卡拉奇就以世界比较暴力的巨型城市（megacity）之一而闻名，2011 年发生了 1700 多起谋杀案，还有高度有组织的犯罪，以及处于"犯罪团伙与主流政党之间的模糊边界"[60]的政治杀人。除了有着漫长历史的日常暴力之外，奥兰吉与卡拉奇都存在着普遍贫困：在奥兰吉项目初期几年内每天大概是 3 美元[61]。严重的性别不平等现象在卡拉奇也十分常见。奥兰吉项目刚刚起步时，在卡拉奇，相比男性 70% 的识字率，女性仅为 49%；而在奥兰吉镇等更加贫困的地区，女性识字率低至 34%[62]。这种带有潜在破坏性的暴力、贫困、社会不平等给奥兰吉项目的发起者制造了许多危险因素，但他们仍然坚持了下来。

设计低成本的公共卫生设备

　　奥兰吉项目启动于 1980 年，最初是作为一个非政府组织而存在，因为当时奥兰吉地区的非正式或非官方状态使得当地居民没有资格获得任何政府援助。阿克塔尔·哈米德·可汗（Akhtar Hameed Khan）博士是项目的发起人和第一负责人，设计项目的初衷就是要与生活在非正式居住地的人们合作，尤其是穷人。如今已有 200 多万人从奥兰吉项目中获益，比起多年来这个草根项目逐步增加的低成本的投入，这个数字实在惊人[63]。

　　1980 年奥兰吉项目刚刚开始的时候，该地区的状况极其糟糕（见图 5.13），奥兰吉的街道和小巷

　　　　充斥着污水和垃圾，1000 个婴儿中就有 128 个死亡。这样的状况完全阻碍了发展：入学率下降，难以建立贸易。产生的心理影响也同样严重，打击了居民改变的意愿。街道无法被用作公共空间，关于卫生问题的纷争时常发生。废水还破坏了房屋的地基，导致潮气来袭，损害了健康。[64]

在一开始，最大的挑战则是：

　　　　我们误以为贫民窟的居民会支持排污和卫生设备的安置，而无须政府出资……当可汗博

图 5.13 奥兰吉镇充斥着露天排水沟和下水道，孩子们每天都不得不从垃圾中穿过。
来源：巴拉日·加迪（Balazs Gardi）

士询问社区居民时，很明显他们都想要一个常规的排污系统，但同样显而易见的是，他们并不想为它掏钱——他们希望可汗博士能说服卡拉奇发展局免费提供这些，就像（他们以为的）为城市其他相对富裕的地方所做的一样……当一切表明这永远不可能时，可汗博士着手和社区共同探索其他可能。后来他形容起自己在奥兰吉迈出的最重要的第一步——用他自己的话来说，就是解放（liberating），把人们从政府承诺而不作为的谬见中解放出来。[65]

因此这个低成本卫生设备安装项目是以认清限制社区发展的四大主要障碍为开端的：心理障碍，这需要说服社区居民为街道、社区及他们自己的房屋多做考虑；社会障碍，需要号召社区走到一起，齐心协力；经济障碍，这要求成本更低；技术障碍，这要求社区的能力建设[66]。

奥兰吉项目在 20 世纪 80 年代帮助消除的第二个谬见是，所谓的非正式居住地居民不能也不愿为净水或完善的卫生设备等基本服务付费，事实却是："奥兰吉的居民并非一贫如洗。他们穷，但是必须用自己的积蓄建造自己的房屋。他们的房屋平均投资在 800~1000 美元，渴望房屋得到改善是安置卫生设备和铺设地下下水道的强大动机。"[67] 在奥兰吉项目中，由于技术上的变更，也不存在需要付费的中间人，当权者所需提供的资金成本只是常规下水道铺设的八分之一。在建设排污系统的过程中，技术上降低成本的一个例子，即使用比大部分城市排污系统管道更廉价、更短、埋得更浅的管道。

而如何激发居民的付费能力和付费意愿，大概是组织社区时面临的更大挑战，毕竟集体行动从未在奥兰吉出现过。组织社区始于：

> 将生活在同一条街的家庭作为一个工作单位。人们被灌输应对街道有一种责任感，把街道视为自己的家的延伸。街道管理者挨家挨户筹资，以用于铺设管道、安置卫生设备、开展净水项目，并帮助仲裁邻里之间的纷争。一个月的薪水——25 美元，就足以为每个家庭提供基本的基础设施了。[68]

为了能够应对时间、语言、文化、居民支持等问题，从社区中招募社会组织者也是关键的一步。与此过程齐头并进的是，找出那些更加敏锐地认识到本地问题、想办法试图解决这些问题和愿意参与对话的居民，并与他们合作。

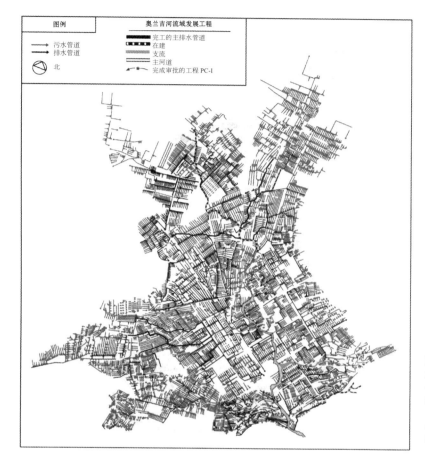

图 5.14 2006 年的调查地图显示，6000 条低成本排水管道一条接一条地铺设在小巷中，大范围的管道网络将奥兰吉的约 10 万间房屋连接了起来。
来源：奥兰吉试点项目研究与培训中心

该项目最终在经济上得以实施，很大一部分原因在于 50% 的资金、管理与维护由社区自身承担，包括建造厕所、街道下水道、小型次级下水道。而另外的 50%，则由政府负责，即政府出资、管理和维护大型次级下水道、主要下水道和处理厂[69]。这样，到 2010 年，这个低成本卫生设备安装项目慢慢覆盖了 10 万间房屋，相当于整个奥兰吉镇，其中镇上的居民投入了 120 万美元以建造厕所和排污系统；政府则投入了 350 万美元铺设主要的排污管道和系统，并对卡拉奇其他居住地，以及信德、旁遮普两省的其他乡镇负责，总覆盖人口超过 200 万，其中 100 万就是信德省奥兰吉镇的居民（见图 5.14）[70]。在整个过程中，奥兰吉试点项目研究与培训中心不断给社区和政府提供社会和技术上的指导，并建立起伙伴关系。

图 5.15 左、右两图为同一条巷子，左图中正在铺设排水管道，右图中则是完工后不再污水横流的洁净小巷。
来源：奥兰吉试点项目研究与培训中心

到 20 世纪 80 年代末，在该项目的推动下，奥兰吉镇已发生了翻天覆地的变化：露天排水管大部分已消失不见，减少了居民健康和安全上的隐患；社区内，商品和人口的流动量都得到了提高；婴儿死亡率大幅下降，房屋前和街道上洁净的空间提供了休闲和社交的场所（见图 5.15）。非政府组织奥兰吉研究与培训中心用了最基本的方法，即以研究者和服务者而非投资者或开发商的身份去投入行动。他们介入的首要原则就是与社区建立关系[71]。这个方法在 1988 年取得了很大的成功，4 个自治组织也沿用了这一方法，每个组织都有自己的委员会：

- 奥兰吉试点项目协会，把控另外 3 个组织的资金；
- 奥兰吉试点项目研究与培训中心，管理整个项目，提供积极宣传的培训；
- 奥兰吉慈善信托基金会（Orangi Charitable Trust），管理小额信贷项目；
- 卡拉奇健康和社会发展协会，管理一个健康项目。

奥兰吉居民还面临着住房数量不足、质量低劣的问题。公共部门没有满足巴基斯坦各城市的住房需求，它每年仅仅提供 12 万间住房单元，然而每年的需求量为 35 万间。因此在整个巴基斯坦约 900 万人生活的城市贫民窟，住房供需之间的鸿沟大部分要依靠自建房来填补[72]。社区调查显示，奥兰吉的居民必须忍受这些住房问题：不达标的混凝土块，低劣的施工质量，糟糕的通风性能，脆弱的屋顶和房屋结构。

为了回应这些问题，也趁着低成本卫生设备安装项目的有效实施，低成本住房工程于 1986 年启动。住房工程通过提供金融贷款、建筑零部件的技术指导、建材制造场、面向年轻泥瓦匠的培训，以及对房屋所有者的集体动员，改善了建筑零部件，提高了施工技术，每年能令奥兰吉的 2500 多个家庭受益[73]。住房工程还包括混凝土块质量的提高、提供可替代的其他屋顶建造方式（如屋顶钢丝网水泥槽形板、预制挂瓦条和排梁铺瓦式屋顶）、用于混凝土施工的标准化钢模、技术手册和说明表、带有视听辅助的说明、建造样板房[74]。

在奥兰吉社区开展协作式项目时，奥兰吉研究中心发现，一些年轻人有接受教育的需求，他们希望进一步帮助教育自己的社区居民，但是资金和技术能力都不足，于是又启动了教育项目。尽管在这里也有公立学校提供免费教学，但人们常常倾向教育质量更好的私人学校。针对这一情况，奥兰吉项目对教育的支持主要体现在给企业提供小额补贴，让企业为当地居民开设培训课程或创办学校。随着这些小型学校的成功，教师培训和学校储金会也开始出现，为这些学校的运作建立了一个资源库。在非政府组织的帮助下，许多私立学校纷纷成立，不过就读学生需要支付一定的费用[75]。该项目同时也负责对一些小型学校进行升级改良。

到 2010 年，教育项目已经实现了 700 多所学校的运作，惠及学生数量约有 14 万人。此外，奥兰吉慈善信托基金会还给 150 多所学校提供信贷[76]。与卫生设备安装项目类似，社区组织也在教育项目中发挥了重要作用。讲座与论坛的举办有利于加强学校之间的联系，促进各自培训课程的对接。这些活动不仅提高了学习者的技能，也给学校和老师提供了团结协作的机会。为了强化自助性，20~30 个学校所有者还联合组成了一个储金会。经过所有这些努力，当地"识字率……已在巴基斯坦位于前列。无论在社会还是经济层面，奥兰吉都通过各种方式与卡拉奇其他地区建立起了紧密得多的关系。许多（居民）都成了不再从事大量体力劳动的'白领职工'；其中一小部分还是工作领域中重要的专家、女性和企业家"[77]。

通过低成本卫生设备安装项目改造肮脏的露天排水沟和一潭潭的死水，一个直接的益处就是奥兰吉居民健康状况的改善。在卡拉奇健康发展协会的资助下，奥兰吉项目分设了一个健康项目，通过提供疫苗和计划生育等各项服务、培训疫苗接种员和传统助产士，来支持奥兰吉当地的诊所。最终一共支持了 750 多家小型健康诊所，培训了 200 多名疫苗接种员和 500 多名传统助产士（如接生婆）[78]。因此早在 1993 年，健康状况就得到了改善，婴儿死亡率也大幅下降，1000 个婴儿中的死亡人数已从

图 5.16 由于得到了奥兰吉小额信贷项目的资金支持，这位女性做起了自产自销线香的生意。
来源：佐费恩·易卜拉欣 / 国际新闻社（Zofeen Ebrahim/IPS）

128 人减至 37 人 [79]。

　　小额信贷由非常低额的贷款（微型贷款）发展而来，微型贷款（micro-loan）适用于那些缺乏担保、没有稳定工作或可验的信用记录的贷款者，而这在奥兰吉这样的非正式居住地十分常见。小额信贷项目用于支持企业、缓解贫困，但同时也用于女性赋权、群体和社区提升。奥兰吉项目在 1987 年成立了独立机构奥兰吉慈善信托基金会，以此推动居民创造财富。信托基金会的方法基于两大发现：①奥兰吉高效的劳动力和非正式经济及其与常规城市错综复杂的关系；②企业缺乏正式信贷的途径。

　　小额公司信贷项目的信贷支持不仅面向小型个体户（见图 5.16），而且也延伸到了乡村家畜养殖、农业相关工作，以及其他类型的工作。在 40 多个非政府组织的伙伴机构的协助下，该项目在 30 多个城镇和近 1000 个村庄中取得了极大的成功，这些地方大部分属于巴基斯坦的信德省和旁遮普省。迄今为止，该项目已为 14 万家小企业提供了 1700 万美元的信贷支持，而贷款回收率也达到了惊人的

97%。借助伙伴关系，该项目还支持了一些类似的项目，甚至影响了政府政策[80]。女性角色的重要性也由此得到体现，譬如通过给拥有养羊经验的乡村妇女提供资金和技术支持，使其成立妇女家畜养殖合作社，最终实现女性收入、社会地位、权力等的提高[81]。

在一个性别不平等且歧视普遍存在的环境中，女性赋权尤其是奥兰吉项目诸多项目的一大主题——而非一个独立的项目。举个例子，在教育项目中，项目创办者阿克塔尔·哈米德·可汗认为推动性别平等的一大关键是，在男女混合学校中增加女老师的数量。这样一方面可以让家长在送女儿去学校的时候感到更加安心，另一方面也可以实现更多受教育女性、更多女老师、更多学校、更高的女性识字率这一良性循环[82]。另一个例子体现在财富创造上。在20世纪80年代，许多奥兰吉女性只能通过为服装承包商做些简单的缝纫制衣工作来获得非常低的金钱回报；奥兰吉项目指出这些女缝衣工是最贫困、最痛苦的群体之一，故协助她们组建了一个合作社，功能上等同于承包商，但不像承包商那样谋利：从出口商方面拿到订单，分配工作，保证按时完成，再送还于出口商，拿到报酬。该项目还成立了一个工作中心，内有一些简单的缝纫机和工业机器，可以对工人和缝纫工中的统筹经理进行培训。中心获得的捐赠都用于为中心添置设备，或是给极为贫困和有需求的缝纫工提供机器[83]。

总之，奥兰吉项目不断致力于提高女性的社会地位。此前，女性在本地阶层显著的领导作用不为人知；如今，女性常常被选为群体中的领导者，不仅能够动员家庭与社区，还能筹集必要的资金以填补家庭预算外的铺设下水道的费用。奥兰吉慈善信托基金会动员了三组、近90名女性，参与建立用于支持健康和儿童教育的女性储金会；在研究与培训中心的合作住房储蓄与贷款项目中，也动员了女性团体[84]。正如奥兰吉试点项目前负责人佩文·拉赫曼（Perween Rahman）接受采访时所解释的，女性之所以在奥兰吉，尤其在家庭层面扮演着重要角色，是因为一名女性

> 负责了整个住房和所有的预算。如果她不能下定决心，那么没有任何资金能流出用于改造开发，没有住房能得到修缮，没有孩子能得到教育。女人才是做决定的人。但是当你走进一些人家，会有一个男人过来与你交谈，十分显眼和高调。这是因为女性天生温和而有说服力，她们知道如何说服她们的男人……来实现她们自己想做的事。[85]

理解这种社会演变，与时俱进，是奥兰吉项目产生巨大影响的关键。

奥兰吉试点项目的政治创新手段

奥兰吉试点项目之所以取得了巨大成功，是因为项目理念的独特性，即通过以技术为导向的低调的非党派行动，把城市主义作为一种政治创新手段。在卡拉奇暴力、性别不平等、贫困的极端环境中，这样的实践能够聚焦于当前的问题，在巴基斯坦动荡的政治环境中坚持目标，并与非政府组织和政府机构建立有效的伙伴关系（见图5.17）。不过，这种实践形式仍有应当批判的地方。举个例子，在

图 5.17 奥兰吉试点项目史无前例地发起了本地社区动员，与一些组织形成了战略伙伴关系，这些能力反映出作为政治创新手段的城市主义在实践中的作用。
来源：奥兰吉试点项目研究与培训中心

1985—1986 年的卡拉奇骚乱中，数千人丧生，奥兰吉也一度实行了宵禁，此时奥兰吉项目就把项目办公室腾出来作为社区领袖的集合地，同时帮助社区重建基础设施。在更近的 2010 年卡拉奇骚乱和宵禁中，该项目也采取了此类应对方式。但批评者认为奥兰吉项目应该更多地利用其影响力来缓和暴力[86]。

在这样的极端条件下，奥兰吉项目工作的展开总是面临着极其困难的道德选择，而项目发起人阿克塔尔·哈米德·可汗也几次受到死亡的威胁。然而到了今天，随着项目和奥兰吉之间的联系愈发紧密，该项目所面临的已经是"事实上要负责处理社区不断增加的各种问题……正如已表现出来的，每个人都认为既然奥兰吉试点项目已经推行了一些举措，那么就应负责起与之相关的所有问题"[87]。由此从另一方面来说，带来了对该项目运作过程的全新的审视，一种完全从居民角度出发的观点和一种基于合作伙伴的模式。

真正需要的，是对居民和社区（作为一个整体）的理解，譬如问题涉及的范围、人们如何看待这些问题、他们曾经尝试或建议的可能的解决方法。这些是可以通过与社区对话、讨论，以及观察获得的信息。这种内部的互动，才是外部组织和社区之间相互理解的开始。[88]

这种伙伴关系的模式不仅涉及承担大部分施工的当地居民的社区管理，还涉及一个提供相关技术支持并帮助管理社区居民的非政府组织、建设了主要下水道和污物处理厂的政府机构，以及提供资金以扩大影响的自发试点工程的国际捐赠机构。最终这样的伙伴关系给当地卫生系统，以及住房、教育、健康、金融系统，带来了根本性的改变，而这样的改变依靠其中任何一方单独的力量都无法实现。

城市主义的革新

正如前面描述的案例分析，作为政治创新手段的城市主义可以非常具有革新性。这样的实践需要推翻现有的设计文化和实践，从根本上挑战那种表现为建筑学、景观建筑学、城市设计、城市规划、公共工程等专业领域的常规城市主义的传统，并以某种方式对这些传统进行再创造，重塑现实。事实上，革命

　　就包括了短暂的混乱。它解开了人类过往集体行为的纽带，是人最有潜力的政治创新手段。因此它关乎人最根深蒂固的理念、道德、常识、伦理和原则，检验人对人类本质、宗教信仰、社会公平、历史进程的彼此对立的观点。[89]

以充满创意和想象力的方式介入城市的政治现实，以孕育出可选择的设计和建造城市的新方式，这仍然在城市主义者关注的范围内。另外，"这些新选择的源头是人类的想象。这种诞生新想法的能力——而非与一成不变的本质建立联系的能力——正是道德发展的引擎"[90]。

城市主义的关键性质在于，它是社会、政治和经济制度的一部分，但同时又能拷问这种制度。如果城市制度只有一个与众不同的特质，那便是权力。谁有权力塑造城市？权力又是被如何行使的？民主或许关乎不同利益相关者之间的碰撞与冲突，权力却常常在暗处发挥作用。在惠蒂尔上城案例中，当地政府最有权力的人是市政执政官，他习惯于与开发商私下协商，而我们坚持采用公开的方式对这座城市的历史商业核心区进行再设计。权力在物质城市中也体现为对公共空间的制造与控制。公共空间是政治的空间表达，它欢迎一切争论，也会在协商和决议中归于有序。在开辟新的公共领域之前应该让各种意见得到表达，因为与休憩性质的私人空间不同，公共空间是互动的空间。正如第一章所描述的，广义的公共领域应不仅包括常规的公共空间（如街道、人行道、广场、公园），还应包括这些空间的产生过程，如惠蒂尔、贝洛奥里藏特、卡拉奇这些例子中展现出来的。在这三个案例中，城市主义者完成了这个富有挑战性的任务，即设计一个不仅公开透明、可参与，并且能帮助分散权力到社区的决策过程。

综上所述，本章的三个案例表现出，政治不仅指代了意在管理社会的大范围的政府和政治体系，

而且同样重要的，也反映了关乎所有人的地方政治和复杂的关系网，而个人与群体都试图通过后者对日常生活施加权力和影响。城市主义者尤其会介入重点场所的背景，这意味着对关系的特定性质和不同社区的历史予以关注。在上城规划中，它体现为根深蒂固的汽车文化和惠蒂尔市决策过程中的等级结构，你必须承认并挑战它的存在。在第三水公园中，它体现为数十年之久的非正式居住地的边缘化，这种边缘化在贝洛奥里藏特的参与式预算和活态村工程的作用下已显著改善。奥兰吉项目所面对的重大任务，则是在有着贫穷、暴力、性别歧视的卡拉奇，通过一个看似无伤大雅的技术更新式的基础设施设计项目，给社区赋权。依靠这样那样的方式，每个环境中特定的政治背景在很大程度上影响着困难的道德选择，最终，影响城市的转型。

第六章　转型：城市主义作为转型

正如我在全书中始终坚持的，城市转型设计涉及两方面：基本概念的迁移和实践形式的彻底创新。"城市主义可以是什么？"为了回应这个问题，找到种种可能，就必须将对创新领域的各种预想，整合到社会科学的根本需求及对城市的长期的历史性理解中。通过这种方式，无论城市主义是多学科、多领域还是理论与实践的结合，只要坚持同一主张而非产生分歧，城市主义就可以具有变革性。理查德·罗蒂等实用主义者们明白：

> 自然科学与社会科学之间并无明确的分界，社会科学与政治、哲学和文学之间同样如此。所有层面的文化都是为了让生活更美好。在理论与实践之间不存在严重的裂缝，因为从一位实用主义者的角度来看，所有那些并非在玩文字游戏的所谓"理论"，通常都已经是实践了。[1]

类似的，在约翰·杜威看来：

> "知道"和"做"是一个过程中不可分割的两面，而这个过程就关乎"适应"。我们通过"做"来不断学习：我们把某个已掌握的知识应用在实际情境中，得到了一个结合了新知识的结果，而我们又会带着这个结果运用于生活的下一个情境之中。[2]

此外，这些对实用主义的讨论和相关的案例分析都表明，我们如何能以一种较为准确地把握城市多方面复杂性的方法，来评判当前的城市主义项目。举个例子，为了评判一个城市倡议真正的质量，我们必须长时间地观察它在不断变化的城市中呈现出来的状态。一些项目，如弗兰克·盖里著名的毕尔巴鄂古根海姆美术馆，更多地表现为一个标志性形象，而非紧紧抓住社会经济现实这一核心的多维度活态项目。而在另一个极端，对于非正式居住地，我们不仅要看到其问题的严重性，还要把它视为重大革新、问题解决、低影响生活（low-impact living）的源头。我们对城市主义优越性的判断，可以源于项目过程和项目完工数十年后的公众影响，也可以源于我们从根本上对自己的固有概念——例如城市是什么、城市应该是什么的检验。这些对当前城市主义的评判的变化，大大推动了对城市转型的设计。

通过研究出较为临时、开放的设计策略，包括工作室中不带预设结果的设计教学，我们可以发展出一种具有变革性的城市主义实践方式。举个例子，一个专注于复兴萧条社区的城市主义工作室可能会认为，最好的解决方法并不是给出总体规划方案，而是为之设计职业培训课程或社区赋权项目。我在底特律负责的一个工作室就曾发起过一个真实的项目以赞扬嬉皮文化，包括作为壁画的涂鸦艺术、公共空间的再挪用（reappropriation），在不同活动中对集体身份认同进行社会化建构。这次设计实验之后留下的真正财富，是一群愿意视社区未来为己任的青少年（如组织节庆活动、筹款、居民动员、涂鸦壁画、与警方协作），以及一些逐渐把一度忽视的年轻人纳入所运作项目中的社区团体。这些开放的设计策略在本书提及的案例中都产生了出色的效果，如乡村聚落发展计划、爱资哈尔公园和奥兰吉试点项目。

我们可以发展出具备空间和时间两个特性的研究城市主义的方法论。举个例子，社会学家卡米洛·贝尔加拉（Camilo Vergara）用令人震惊的照片记录了过去数十年的美国城市。他所拍摄的新泽西州肯顿市等城市里的社区，证明了城市如何一栋楼接一栋楼、一个街区接一个街区、一片社区接一片社区发生衰退。他的照片还证明了，城市主义是如何通过小型社区花园、翻新的住宅、重新开张的街角商店等微型手术般的干预，让人们看到希望的曙光。这就是最理想的城市主义，它要求我们用不同尺度来分析不同类型的转型。

总而言之，城市主义的根本目标，并不是满足现状，沉迷于空间形式，追溯令人怀念的过去，把技术视为未来的救星，或追求意图良好但过于单一的目标（譬如可持续），而是，转型。城市转型——正如我在第一章中所定义的——是空间结构积极、剧烈、根本的改变。此外，城市转型也是做好事、促发展的手段。正如我在第五章中所描述的，实用主义从道德发展的角度来定义发展，这种发展包含了社会平等度和想象力的提高。设计，蕴含着所有的创意可能，也是想象力的有力表现。

理解转型

有许多种给城市主义估值的常规方式：计算项目产生的私人利润与公共收益的总值，记录获得的声誉和奖项的数量，从项目所吸引的参观者和居民的数量上看项目的感染力，新闻、杂志、网络、电视是否对该项目赞不绝口，以及设计理念或设计策略的原创性。在衡量转型时，我们确实需要考虑这些方面，但还有一些，譬如城市主义最终的价值体现在它对城市的长远影响上，无论是创造生机勃勃的环境、修复过去的破损之处、促进经济活跃、动员社区、连接彼此分离的地区、创造真正的公共空间，还是培养社区认同感。关键是，应避开过于简单、刻板的思考模式，从更深、更广的层面来考量。既然转型已经是一个被广泛使用和误用的词，那么让它回归最常使用这个词的公共和学术话语的语境，将有助于理解它。

透过物质城市模式中的主要迁移，可以看到对城市转型的一种普遍理解，即时间和空间尺度上的重大改变是非常关键的。虽然历史学家一度研究过这样的改变，但更近的研究除了使用历史地图，还加入了空中拍摄、地理信息系统软件等新的技术手段，以更精准地追踪大都会地区空间增长的痕迹。举个例子，有一项对六个美国城市——阿尔伯克基、亚特兰大、波士顿、拉斯维加斯、明尼阿波利斯、波特兰——增长模式的研究，从 1980 年开始，到 2005 年结束，持续了 25 年[3]。这项研究披露了一系列重要发现：物质城市的空间形式十分多样；随着城市增长的速度加快，总体密度在减小；增长模式在各地区有所不同；地区空间发展呈碎片化，类似城市空间增长边界的设计策略似乎有效，至少在波特兰是如此。但总有特例与这些总体趋势背道而驰，譬如拉斯维加斯这座在 20 世纪 90 年代到 21 世纪前十年美国增长最快的城市。与大部分美国城市向外蔓延的形式不同，拉斯维加斯的增长反映在界线分明的独立家庭的小块宅地内，这是因为受到了两方面的限制：城市地处热带沙漠盆地，以及城市周围尽是联邦政府所有的被保护的土地。考虑到这些特殊类型，用"蔓延"之类的词来总结空间增长模式未免过于概括了。

第二种对城市转型的普遍理解，则关乎大规模的人口快速增长。快速城市化——无论是因为 19 世纪的工业化还是 20 世纪发展中地区的移民现象——代表了经济与社会的走势，也反映了城市的人文肌理。

> 18、19 世纪的工业革命开创了一个现代世界，一个制造生产成了社会驱动力的世界。工业的崛起需要利用新的资源和新的能源形式，以驱动越来越多的工厂里的机器……工厂需要劳动力，靠近新的就业源的工作者的住房条件得到改善。工业城市的快速增长导致了新员工和新雇主居住区域的急剧分化。[4]

在 20 世纪，

> 影响深远的人类（城市）转型的最后阶段，就发生在亚洲、大洋洲、非洲、拉丁美洲和加勒比海地区那些不够发达的国家：我们都在见证着全球的城市化。如今，世界城市人口的近三分之二，超过 15 亿人，都生活在"南半球"城市。不过一代人的工夫，这个数字会增至 3 倍。[5]

上文所说的转型是指在世界所谓的发展中或不够发达的地区，城市人口正以史无前例的速度增长着，而这一趋势在 21 世纪仍将继续。

第三种城市转型的类型，则由一些生活质量指标来衡量，如健康、污染、教育和基础设施。指标意在反映全世界城市的相对排名，而这些指标的改善也被认为体现着市民生活质量的巨大提高。其中一种迅速崛起的指标，即今天常说的城市生活质量指标，通常源于结合时间对收集到的空间数据的分析，这些利用普查等官方渠道获得的数据包括家庭收入水平、犯罪率、污染等级、住房成本等[6]。还有一种涉及城市环境特征和人们主观评价尺度之间的建模关系衡量方式，它首先要通过各种调研途径收集数据，再用回归分析或结构方程式等技术进行分析。一种更加受欢迎的方式是，由一些咨询公司或《经济学人》之类的杂志给出城市宜居排名。譬如在《经济学人》2011 年的排名中，加拿大温哥华被列为世界最宜居的城市，而津巴布韦的哈拉雷则由于其稳定等级（如冲突与犯罪的普遍存在）、健康护理（如可用性和质量）、文化和环境（如气候舒适度、约束度、消费可行性）、基础设施（如道路质量、交通路网、能源）而被列为最不宜居的城市[7]。这些不同的城市生活质量指标都包含着偏见，譬如这些大多是更受欧美研究者重视的价值标准，而且这些结论依赖大部分可获得的数据。此外，城市决策者和私人投资方尤其会对这些指标给予越来越多的关注，不仅是因为宜居性，而且也是为了实现政策目标。

第四种类型是对城市做出的比较微妙的质量判断，可以通过城市主义者凯文·林奇所说的物质城市的执行尺度（performance dimensions）——如活力、感觉、适合度、可达性、控制性、效率和公正——来实现："执行尺度是可识别的城市表象特征，主要基于城市的空间质量，这些尺度是可衡量的，不同群体也会在不同程度上给予执行。"[8]对林奇来说，物理形式必须与经济问题和社会公平，或政治权利和地方控制彼此关联，这与本书的内在意义也是一致的。他提出了一个重要的观点，即设计、建设、改造城市是"一种人类行为——尽管它很复杂，始终是为了满足人类动机。这些动机，就是我们为了厘清价值与环境形式之间关联而首先要找到的线索"[9]。这个例子出色地证明了，城市转型最大的潜力就存在于物质（如对于包括时间在内的四维城市的日常本能体验）与非物质（如具有挑战性的根本价值和不断变化的当下进程）的连接点。

总之，对城市转型的讨论始终停留在空间改变的层面上。举个例子，在最近一本名为《城市转型》（*Urban Transformation*）的书中，城市主义者和学者彼得·波塞尔曼（Peter Bosselman）写道：

> 城市更新给我们上了一课，即不要将社区清理出去，而是鼓励充分利用现有城市街区地块结构中闲置的土地。在这个过程的伊始，需要判断城市内部社区的现有活力，谨慎开发，提高原本的生活质量。这种城市转型模式根植于对城市形态、街道和街区的几何结构的理解。另外，土地分区相对不大，但可以被用于许多互相交叉的活动中，毕竟所有这些活动都需要能够便捷抵达公共街道，需要将入口设在人行道旁。加入了新的发展手段，就有机会改善和改造公共领域的元素，如街道、广场或水岸。[10]

虽然这些确实可以带来公共领域的根本改善，但这种思考模式也存在风险，因为过于强调物质城市的物理改变可能会导致对城市转型相对肤浅的理解。[11]

对于城市转型，本书指出了几种主要的理解上的迁移。这些迁移提出物质城市形式只是实现深层结构改变的一种方法或一种辅助物，而转型必须对人们的生活有直接影响。最终，城市转型必须作为一段过程、一个结果或一种可能——甚至有时候，它只能存在于后知后觉之中。举个例子，权力结构的根本改变远不止于普通的社区参与，还关乎同一时刻的社区发声、社区责任和社区赋权。从这个意义上来说，实用主义尤其能够理解、洞察城市主义的潜在可能，且对于协助更有效的实践模式也很有用。

城市主义作为有催化作用的透镜

正如我们已经看到的，实用主义是一块功能强大的透镜，透过它你可以理解城市主义的变革潜力。实用主义促使我们记住这样的理念并把它带入实践：我们的世界是流体，概念与空间之间的边界是流动不定的，实验性、创造性的干预手段可以对现实产生变革性的社会和物理效应[12]。由于实用主义的直接性与可传达性，你甚至有可能会忽略它是一种激进而创新的哲学这一事实。罗蒂等实用主义者认为，实用主义（pragmatism）从大写"P"的哲学到小写"p"的哲学这一转型，实际上是从学科到行动的转型，它有助于个人和社会打破陈腐的语言和态度[13]。城市主义所需要的，无外乎这些。

实用主义帮助我们更好地开展城市工作，它促使我们思考如何才能实现包容而民主的、大尺度的系统性改变。本书认为，城市主义本身就是一种设计策略，可以用于城市大尺度的系统性转型，无论这种转型所采取的形式是较小项目的叠加，还是直接作用于城市范围的大型工程。当然，推动城市转型常常也有失败或黑暗的一面，即对弱势群体的进一步剥削和对主要权力结构的强化。批判地纵观城市主义的历史，我们可以看到许多难以预料的困难，学到不少经验。那么，到现在为止，本书提出了哪些城市转型的设计策略？其中一个策略就是通过抛出一些掷地有声的问题来引发集体的思考，这些问题包括：城市主义可以是什么？我们如何知道城市主义何时具有变革性？我们如何能设计出促进道德发展的项目？这种直指核心、发人深省的问题，可以带来极具想象力的解决方法。

第二个策略是将实用主义等意义深远的哲学作为元认知和灵感（如我们如何将城市对其物质性的影响理论化）的来源。实用主义阐明了社会的两个重要方面，而未来任何一个城市主义项目都必须包括这二者：道德发展和民主。在实用主义者看来，道德发展并不是让既有事物变得越来越清晰，而是意味着我们在创造人类生活新形式的过程中，让我们自己成为新一类的人。当我们有了更多的选择，我们就实现了发展。这些新选择的源头是人类的想象。这种诞生新想法的能力——而不是与一成不变的本质建立联系的能力，正是道德发展的引擎[14]。城市主义是关于城市的持续的再创造，而道德理想就在城市的日常行动中得到实现。

城市主义者能够利用道德发展必要的想象力，辩证地参与进行中的民主项目。民主过程会带来更好的设计结果，而更重要的是，正是设计的过程能够强化民主。举例来说，城市主义者在构思项目时，可以考虑让项目帮助不断营造和再营造多元化的参与式社区。杜威是参与式民主的重要倡导者，他视其为一种伦理理想，以号召所有人来营造这样的社区：每个人都能得到必需的机会与资源，在参与政治、社会、文化生活时充分发挥他或她的特长和权力[15]。在杜威看来，民主是最值得期待的政体，因为它为个人成长和市民合作提供了各种各样必要的自由："民主和人类终极的伦理理想，同时出现在我的脑中。"[16] 此外，实用主义者的注意力会被吸引到明确的理论和实践上来，其中所谓实践，即改善人类条件、扩大人类想象、通过民主所推动的道德发展创造一个更公平的世界。这些想法的核心宗旨，就是任何民主的政治制度都应持续面向交流和进步。基于这种精神的城市主义进程，不仅有更高的包容性和参与度，而且目的就是通过更强的赋权性来深化这些民主理想。

实用主义可以在转型发生时作为一个理解和判断的实用指南：

那些事情之所以是真的，是因为在应对自然的过程中，就已经得到了验证；这也是说，经验可以验证事实。而反过来，验证是从"有用性"的方面来定义的。如果一个论点能够充当未来行动的有用的指南，那么也可以说它得到了证实。因此，实用主义致力于解开这个古老的哲学谜团：我们是如何获得对世界的认知的。[17]

要知道转型何时发生，首先要调研并确认，彼此关联的社区已达成一致意见，而这个过程通常反映在日常的行动和回应中。理解和判断的关键点在于，对城市主义和转型进行理论化。在实用主义者看来，理论能够让我们的需求产生意义，"当我们某个早晨醒来，发现自己身处一个新的地方，那么我们就会搭个梯子来解释为什么自己会到达这里……而非实用主义者就是那个赞美梯子的人"[18]。另一方面，实用主义者不会只问这是不是一个好地方，还会意识到，虽然理论能给我们带来许多思考和启发，但永远不会告诉我们要做什么，只有我们可以告诉自己要做什么。

第三个城市转型的设计策略是从实际的案例分析中（尽管它们都可能存在缺陷）获得丰富而复杂的洞见（如从偶然的城市主义、作为社区赋权手段的技术项目中学习经验）。本书的案例形象展现了，设计的过程远比常规理解宽泛得多。新的政治经济结构和设计过程可以是包容而民主的；也就是说，尽可能把所有利益相关者都纳入其中，包括了同样重要的弱势群体（如奥兰吉项目中与穷人结为伙伴关系）。设计不会发生在政治领域以外，反过来，由于城市是空间政治经济的一部分，设计也是政治过程不可分割的部分（如参与式预算和第三水公园）。城市设计不会以常规的有限的设计过程为开端或结尾，那样的过程仅仅以城市主义者、建筑师、景观建筑师或城市规划师为中心；相反，它是更大的城市营造过程的一部分，这个过程包括政治决策、法律条令和财政资源的分配（如惠蒂尔上城特别规划中透明的决策过程）。

城市主义者若要利用设计的力量来建造一座有包容性的城市，一种方法就是强调管理街道、人行道、广场、市政建筑、公园等公共财产和进行公共投资的重要性。公共领域之所以关键，是因为它是至今为止城市提供给市民的最重要的设施，而且它也是城市性——最好的城市所应提供的——发生的地方（如爱资哈尔公园富有生机的绿色空间）。此外，城市主义转型的结果可能呈现为其他形态，如提供更多可选的城市形式来更好地满足人们的需求和偏好；而另一方面，城市主义者应该在讨论定义和再定义何为值得期待的城市这一持续的公共对话中扮演主要角色（如 MIT 实验设计工作室对未来景象的研究）。还有一些更明显的城市转型表现，如某个场所特征的根本改变，或在较短时间内发生的巨大改变，包括对人们生活的影响（如蓬皮杜中心活跃了社会和经济）。转型还可以作为城市主义的一种有效手段（如印度人居中心中对机构关系的再设计）。

城市主义者的挑战在于如何在日复一日的基本实践中始终牢记这些目标与策略。很多例子中，城市主义者唯一能够使用的强大武器，就是对市民和城市场所的长期承诺。这样的长期承诺可能包含了多种实践模式：加入了新想法的草根或乌托邦运动、重燃旧梦、实质项目的执行，甚或偶然成功的发现。

我们的实践应是相当熟练的；应是适度的；应开放接纳循环持续的反馈，允许多方面的参与，使其理解并承认彼此依存的关系，互相学习，在长期的培育过程中共同走向成熟。这个过程中，各方面要认识到单一思维的局限性，拥抱集体智慧，形成合作参与。如果城市主义者真正心系城市，试图改造城市，他们就必须尽可能多地对过程做出承诺，甚至多于产物。当代城市的复杂性需要如此这般广泛而多维度的参与。争取、提案、失败、学习、再尝试，改造城市的追求永无止境。通过挑战他们自己，城市主义者得以不断成长，变得更好更强。[19]

随着世界越来越城市化，城市越来越大、越来越复杂，由城市主义者、作为协助的积极分子和专家组成的项目机制，能够通过实践社区（community of practice）与大型社会政治运动形成高效合作。这张实践社区的网由个体织成，这些个体的生活因多种日常关系而紧密相连，而这是由于他们有着相同的专长、共享的技术知识、相似的解决问题的手段。而要创建一个跨学科合作的实践社区，比共同具备某种专业技能更重要的是对价值和承诺的共识与高度认同，如在城市 - 设计 - 建造过程中采用积极行动和宣导的方法。创建一个有着相似价值和承诺的多学科合作的实践社区，对改造城市至关重要。

更大的抱负

本书所列出的概念迁移与案例研究，都是有效的城市转型设计策略的实例。我们可以将这些极其牢固的基础作为跳板，在对新高度的追求中做到更好。为此，我们可以利用第四个，或许也是更新更有效的设计策略，即从值得效仿的历史转型中汲取灵感。印度独立运动是最大限度调动群众力量的运动之一，它令 3.9 亿人终获独立，脱离了史上最大、殖民压迫最沉重的国家：大英帝国。这次运动使用的是一种完全不同于政府、军队或暴力革命的力量形式，这是因为其领袖——尤其是圣雄甘地——意识到了如何将非暴力的力量化为有效的政治行动：

> 变革型领导（transforming leadership）最终会成为道德上的领导，因为它提升了领导者与被领导者双方的人类行为与伦理诉求的层次，进而对双方产生了变革性的影响。最好的现代例子大概就是甘地，他唤醒了无数印度人的希望与需求，而他的生活与个人特质也在这个过程中得到了升华。[20]

甘地作为一名思想者和领导者，利用自由、非暴力、公民责任等理念推动了理论与实践的结合，堪为一大创举。应对这一巨大的挑战——推翻压迫，需要一场结合远见和冒险的大规模运动：

> 甘地在 1919—1922 年这短短几年间，就成功推动了一场"为了真正的自由或权力"的群众运动，这在印度完全是史无前例的。这或许要归功于他的组织、领导和意识形态都满足了运动的需要。他在这次运动中实现的最重大的政治成就，便是将印度国会转型为一个拥有群

众基础的政治组织。"我不会仅仅指望律师阶层，"甘地说，"或受过良好教育的人来参与不合作运动的所有阶段。我希望更多地和群众在一起。我对人民有着无限的信任。他们有着令人惊讶的反应力。别让领导者怀疑他们。"[21]

明智的城市主义者开始思考，如何通过相似的运动来实现城市大尺度的系统性转型，尽管二者的目标和规模并不相同。

1955年，小马丁·路德·金协助领导了美国当代第一次伟大的非裔美国人的非暴力示威：蒙哥马利公交车抵制运动。此后不久，美国最高法院宣布，该市的公交车种族隔离制度违背了宪法。1957—1968年，金穿越了约965.6万千米，进行了2500多次宣讲，出现在所有存在不公、抗议和行动的地方；他还同时撰写了许多著作与无数篇文章。他在伯明翰领导了一次大规模抗议；策划并推动了亚拉巴马州非裔美国人的投票注册；还在华盛顿特区主导了一场聚集25万人的和平示威。1968年在田纳西州的孟菲斯市，当他站在汽车旅馆的房间阳台上，即将为罢工的环卫工人领导一场寻求经济社会公平的抗议示威时，遇刺身亡。就像甘地一样，在金看来，这些试图带来结构性改变的想法和行动都标志着真正的转型："真正的同情并不只是给乞丐扔一个硬币，而是要看到一种产生乞丐的制度需要重建。"[22]

金相信大规模运动能够产生系统性的转型。在他遇刺后不久，他的遗志也得到了继承：

在1968年4月8日，为了纪念金，约4.2万人在南方基督教领袖会议（SCLC）科丽塔·斯科特·金的带领下，与工会领袖们一起安静地游行，横穿孟菲斯市，要求市长亨利·洛布（Henry Loeb）满足工会的要求。在市政厅前，美国联邦政府、县、市政人员保证将会一直支持这些工人直到"我们获得公平"。最终到了4月16日，协商达成了一致，市议会答应认可工会并提高待遇。尽管这个结果为此次罢工画上了句点，但数月之后，工会不得不再次以罢工威胁，迫使市政府遵守其诺言。[23]

金的工作之所以能存续下去，是因为他能够动员群众，做出长期承诺；而在城市主义中，则是能够预见想法和策略的动员，以及民众的动员。

这些激动人心的历史转型给我们带来了哪些关于改造城市的设计策略的启示？甘地和金的策略的作用体现在多个层面。首先是物质层面，因为非暴力的政治行动发生在城市空间和公共领域。这些策略一方面与当时政治、制度的框架共同发挥作用，另一方面也常常思考、质疑并改变这些框架。其次，这些策略也反映在个人乃至精神的层面，因为他们触及了人们最珍视的价值，如自由和自我实现。甘地和金能在很大程度上取得成功，是因为他们帮助建立了实践社区，而这种实践社区能够维持数十年，共同为根本的改变而努力。最后，这也可能是对设计师和城市主义者最有价值的一点，他们对激进想象的构建充满着长久的斗争与无尽的奉献。

注　释

第一章

1　There are seminal books on theories and practices of urbanism over the past fifty years or so which are not directly germane to the arguments presented in this chapter. These include Jane Jacobs, *The Death and Life of Great American Cities* (New York: Random House, 1961), Peter Katz, *The New Urbanism: Toward an Architecture of Community* (New York: McGraw Hill Professional, 1993), Rem Koolhaas, *Delirious New York: A Retroactive Manifesto for Manhattan* (New York: Oxford University Press, 1978), and Robert Venturi et al., *Learning from Las Vegas: The Forgotten Symbolism of Architectural Form* (Cambridge, MA: MIT Press, 1977). Other books and ideas are discussed in subsequent chapters in the context of proposed conceptual shifts towards city as flux, consequences of design, and urbanism as a creative political act.

2　Aseem Inam, What Can Urban Design Be? (Paper presented at the World Planning Schools Congress, Mexico City, 2006).

3　Richard Dobbs, Sven Smit, Jaana Remes, James Manyika, Charles Roxburgh, and Alejandra Restrepo, *Urban World: Mapping the Economic Power of Cities* (Paris: McKinsey Global Institute, 2011), p. 1.

4　UNFPA, *State of the World Population 2007: Unleashing the Potential of Urban Growth* (New York: United Nations Population Fund, 2007), pp. 1–6.

5　CMF, *The World's Largest Cities and Urban Areas in 2020* (London: City Mayors Foundation), accessed January 4, 2013: www.citymayors.com/statistics/urban_2020_1.html.

6　CMF, The World's Fastest Growing Cities and Urban Areas from 2006 to 2020 (London: City Mayors Foundation), accessed January 4, 2013: www.citymayors.com/statistics/urban_growth1.html.

7　Gyan Prakash, Introduction, in *The Spaces of the Modern City: Imaginaries, Politics, and Everyday Life*, edited by Gyan Prakash and Kevin Kruse (Princeton, NJ: Princeton University Press, 2008), p. 2.

8　Kim Dovey, *Framing Places: Mediating Power in Built Form* (London: Routledge, 1999).

9　Paul Knox, *Cities and Design* (London: Routledge, 2011), p. 35, and Ed Soja, The Socio-Spatial Dialectic, *Annals of the Association of American Geographers*, vol. 70, no. 2, 1980, pp. 207–225.

10　Spiro Kostof, *The City Shaped: Urban Patterns and Meanings Through History* (Boston, MA: Bulfinch, 1991), p. 52.

11　Alex Krieger, Where and How Does Urban Design Happen?, in *Urban Design*, edited by Alex Krieger and William Saunders (Minneapolis: University of Minnesota Press, 2009), pp. 115–129.

12　Alexander Cuthbert, Whose Urban Design? *Journal of Urban Design*, vol. 15, no. 3, August 2010, pp. 443–448.

13　Charles Steger, Urban Design, in *Contemporary Urban Planning*, 6th edn, edited by John Levy (Upper Saddle River, NJ: Prentice Hall, 2003), p. 145.

14　Don Carter and Raymond Gindroz, Urban Design Plans, in *Planning and Urban Design Standards*, edited by Frederick Steiner and Kent Butler (Hoboken, NJ: John Wiley & Sons, Inc., 2007), p. 10.

15　Jon Lang, Urban Design as a Discipline and as a Profession, in *The Urban Design Reader*, edited by Michael Larice and Elizabeth Macdonald (Abingdon: Routledge, 2007), p. 465.

16　Denise Scott Brown, The Public Realm: The Public Sector and The Public Interest in Urban Design, in *Urban Concepts* (London: Academy Group, 1990), p. 21.

17　For example, see Jerold Kayden, *Privately Owned Public Space: The New York City Experience* (New York: Wiley, 2000), Anastasia Loukaitou-Sideris and Tridib Banerjee, *Urban Design Downtown: Poetics and Politics of Form* (Berkeley: University of California Press, 1998), and Kurt Anderson, Person of the Year: The Protestor, *Time*, vol. 178, no. 25, December 26, 2011, pp. 54–89.

18　Alexander Cuthbert, *The Form of Cities: Political Economy and Urban Design* (Malden, MA: Blackwell Publishing, 2006), p. 84.

19　Jonathan Barnett, A Short Guide to 60 of the Newest Urbanisms, *Planning*, vol. 77, no. 4, 2011, pp. 19–20.

20　For an illustrative example, see the excellent book by Besim Hakim, *Arabic-Islamic Cities: Building and Planning Principles* (London: KPI Limited, 1986).

21　Alex Krieger, Where and How Does Urban Design Happen, in *Urban Design*, edited by Alex Krieger and William Saunders (Minneapolis: University of Minnesota Press, 2009), pp. 115–129.

22　Anne Moudon, A Catholic Approach to What Urban Designers Should Know, *Journal of Planning Literature*, vol. 6, no. 4, May 1992, pp. 331–349.

23　Douglas Kelbaugh and Kit McCullough, eds, *Writing Urbanism: A Design Reader* (New York: Routledge, 2008).

24　Tridib Banerjee and Anastasia Loukaitou-Sideris, eds, *Companion to Urban Design* (Abingdon: Routledge, 2011).

25　Jeff Hou, Aseem Inam, and Clara Irazabal, New Directions: The Future of the City, Panel at the Symposium *Making Cities: Whither Design?*, Parsons The New School for Design, New York, September 24, 2011, video accessed on February 18, 2013. http://vimeo.com/54868902.

26　Taner Oc and Steven Tiesdell, Editorial: Re-emergent Urban Design, *Journal of Urban Design*, vol. 1, no. 1, February 1996, p. 5.

27　Mike Biddulph, The Problem with Thinking About or for Urban Design, *Journal of Urban Design*, vol. 17, no. 1, February 2012, pp. 1–20.

28　Aseem Inam, From Dichotomy to Dialectic: Practicing Theory in Urban Design, *Journal of Urban Design*, vol. 16, no. 2, May 2011, pp. 257–277.

29　Ann Forsyth, Innovation in Urban Design: Does Research Help? *Journal of Urban Design*, vol. 12, no. 3, October 2007, pp. 461–473.

30　Douglas Kelbaugh, Towards an Integrated Paradigm: Further Thoughts on the Three Urbanisms, *Places*, vol. 19, no. 2, 2007, pp. 12–19.

31　Jonah Lehrer, A Physicist Solves the City, *New York Times Magazine*, December 17, 2010.

32　Kelly Clifton, Reid Ewing, Gerrit-Jan Knaap, and Yan Song, Quantitative Analysis of Urban Form: A Multidisciplinary Review, *Journal of Urbanism: International Research on Placemaking and Urban Sustainability*, vol. 1, no. 1, May 2008, pp. 17–45.

33　David Grahame Shane, *Recombinant Urbanism: Conceptual Modeling in Architecture, Urban Design, and City Theory* (Chichester: Wiley-Academy), p. 13.

34　Ibid., pp. 176–243.

35　Ibid., p. 6.

36　Ibid., p. 29.

37　Ibid., p. 22.

38　A sampling of the range of these books includes: Lance Jay Brown, David Dixon, and Oliver Gillham, *Urban Design for an Urban Century: Placemaking for People* (Chichester: Wiley, 2009); Robert Steuteville and Philip Langdon, eds, *New Urbanism: Best Practices Guide*, 4th edn (Ithaca, NY: New Urban News Publications, 2009); Smart Growth Network, *Getting to Smart Growth II: 100 More Policies for Implementation* (Washington, DC: International County/Municipal Management Association, 2008); Urban Design Associates, *The Urban Design Handbook: Techniques and Working Methods* (New York: W.W. Norton and Company, 2003); Alexander Garvin, *The American City: What Works, What Doesn't* (Chichester: Wiley Professional, 2002); and Clare Cooper Marcus and Carolyn Francis, eds, *People Places: Design Guidelines for Urban Open Space*, 2nd edn (New York: John Wiley & Sons, 1998).

39　Christopher Alexander, Sara Ishikawa, and Murray Silverstein, with Max Jacobson, Ingrid Fiksdahl-King, and Shlomo Angel, *A Pattern Language: Towns · Buildings · Construction* (New York: Oxford University Press, 1977).

40　UN HABITAT, Dubai International Award for Best Practices (Nairobi: UN HABITAT, 2012), accessed March 19, 2013: www.unhabitat.org/content.asp?typeid=9&catid=1&cid=150.

41　Bruner Foundation Inc., The Rudy Bruner Award (Cambridge, MA: Bruner Foundation, 2013), accessed March 19, 2013: www.brunerfoundation.org/rba/index.php?page=aboutRBA&sidebar=1.

42　John Punter, Developing Urban Design as Public Policy: Best Practice Principles for Design Review and Development Management, *Journal of Urban Design*, vol. 12, no. 2, 2007, pp. 167–202.

43　Patrik Schumacher, Parametricism: A New Global Style of Architecture and Urban Design, *Architectural Design*, vol. 79, no. 4, p. 15.

44　Charles Waldheim, ed., *The Landscape Urbanism Reader* (Princeton, NJ: Princeton Architectural Press, 2006), p. 11.

45　*American Heritage Dictionary*, 3rd edn (Boston, MA: Houghton Mifflin, 1996).

46　Ernest Sternberg, An Integrative Theory of Urban Design, *Journal of the American Planning Association*, vol. 66, no. 3, 2000, pp. 265–278.

47　Niraj Verma, Urban Design: An Incompletely Theorized Project, in *Companion to Urban Design*, edited by Tridib Banerjee and Anastasia Loukaitou-Sideris (Abingdon: Routledge, 2011), pp. 57–69.

48　Louis Wirth, Urbanism as a Way of Life, *The American Journal of Sociology*, vol. 44, no. 1, July 1938, pp. 1–24.

49　Ibid., p. 20.

50　Kevin Lynch, *Good City Form* (Cambridge, MA: MIT Press, 1981), pp. 38–39.

51　Ibid., pp. 277–291.

52　Ibid., p. 320.

53　Alexander Cuthbert, *Understanding Cities: Method in Design* (New York: Routledge, 2011), p. 9.

54　Kevin Lynch, *Good City Form* (Cambridge, MA: MIT Press, 1981), p. 1.

55　Julian Huxley, *The Humanist Frame* (London: George Allen & Unwin Ltd., 1961).

56　Kevin Lynch, *Good City Form* (Cambridge, MA: MIT Press, 1981), p. 108.

57　Alexander Cuthbert, *The Form of Cities: Political Economy and Urban Design* (Malden, MA: Blackwell Publishing, 2006), p. 80.

58　Ibid., p. 15.

59　Manuel Castells, *The City and the Grassroots: A Cross-Cultural Theory of Urban Social Movements* (Berkeley: University of California Press, 1983), p. 303.

60　Sharon Zukin, The Postmodern Debate Over Urban Form, *Theory, Culture & Society*, vol. 5, 1988, p. 435.

61　Paul Knox, *Cities and Design* (London: Routledge, 2011), p. 101.

62　See critiques in Aseem Inam, Meaningful Urban Design: Telelogical/Catalytic/Relevent. *Journal of Urban Design*, vol. 7, no. 1, 2002, pp. 35–58, and Alexander Cuthbert, *The*

Form of Cities: Political Economy and Urban Design (Malden, MA: Blackwell Publishing, 2006).
63 Alex Krieger and William Saunders, eds, Urban Design (Minneapolis: University of Minnesota Press, 2009).
64 Charles Waldheim, ed., The Landscape Urbanism Reader (Princeton, NJ: Princeton Architectural Press, 2006).
65 For example, see Alex Krieger and William Saunders, eds, Urban Design (Minneapolis: University of Minnesota Press, 2009).
66 For example, see Jonathan Barnett, Redesigning Cities: Principles, Practice, Implementation (Washington, DC: American Planning Association Planners Press, 2003).
67 UN Habitat, Planning Sustainable Cities: Global Report on Human Settlements 2009 (Nairobi: United Nations Human Settlements Programme, and London: Earthscan, 2009).

第二章

1 For the different strains of thought in Pragmatism, see, for example, two concise and well-written books: John Murphy, Pragmatism: From Peirce to Davidson (Boulder, CO: Westview Press, 1990), and Cornelis de Waal, On Pragmatism (Belmont, CA: Thomson/Wadsworth, 2005).
2 Gary Bridge, Reason in the City of Difference: Pragmatism, Communicative Action and Contemporary Urbanism (London: Routledge, 2005), p. 3.
3 H.S. Thayer, Introduction, in Pragmatism: The Classic Writings, edited by H.S. Thayer (Indianapolis: Hackett Publishing Company, 1982), p. 11.
4 Louis Menand, An Introduction to Pragmatism, in Pragmatism: A Reader, edited by Louis Menand (New York: Vintage Books, 1997), p. xi.
5 Ernest Nagel, cited by Vincent Colapietro and Charles Sanders Peirce in A Companion to Pragmatism, edited by John Shook and Joseph Margolis (Malden, MA: Wiley-Blackwell, 2009), p. 13.
6 Charles Peirce, How to Make Our Ideas Clear, Popular Science Monthly, vol. 12, 1878, p. 293. Accessed September 14, 2012: www.archive.org/stream/popscimonthly12yoummiss#page/n9/mode/1up.
7 These characteristics and principles are drawn from the work of several authors, including Trevor Barnes, American Pragmatism: Towards a Geographical Introduction, Geoforum, vol. 39, 2008, pp. 1542–1554; Richard Bernstein, The Pragmatic Century, in The Pragmatic Century: Conversations with Richard J. Bernstein, edited by Sheila Greeve Davaney and Warren Frisina (Albany: State University of New York Press, 2006), pp. 1–14; and Louis Menand, An Introduction to Pragmatism, in Pragmatism: A Reader, edited by Louis Menand (New York: Vintage Books, 1997).
8 William James, Pragmatism: An Old Way for Some New Ways of Thinking (New York: Longmans, Green and Co., 1907), p. 22.
9 Quoted by Louis Menand, An Introduction to Pragmatism, in Pragmatism: A Reader, edited by Louis Menand (New York: Vintage Books, 1997), p. xxi.
10 Peter Reason, Pragmatist Philosophy and Action Research: Readings and Conversation with Richard Rorty, Action Research, vol. 1, no. 1, 2003, p. 106.
11 Trevor Barnes, American Pragmatism: Towards a Geographical Introduction, Geoforum, vol. 39, 2008, p. 1545.
12 Isaac Newton, Letter to Robert Hooke, February 5, 1676, in The Correspondence of Isaac Newton: Volume 1, edited by H.W. Turnbull (London: Published for the Royal Society by the University Press, 1959), p. 416.
13 Trevor Barnes, American Pragmatism: Towards a Geographical Introduction, Geoforum, vol. 39, 2008, p. 1545.
14 Stephen Gould, The Structure of Evolutionary Theory (Cambridge, MA: Harvard University Press, 2002).
15 Louis Menand, An Introduction to Pragmatism, in Pragmatism: A Reader, edited by Louis Menand (New York: Vintage Books, 1997), pp. xi–xii.
16 Aseem Inam, Planning for the Unplanned: Recovering from Crises in Megacities (New York: Routledge, 2005).
17 Quoted by Louis Menand, The Metaphysical Club: A Story of Ideas in America (New York: Farrar, Strauss, and Giroux, 2001), p. 430.
18 Patsy Healey, The Pragmatic Tradition in Planning Thought, Journal of Planning Education and Research, vol. 28, no. 3, March 2009, p. 280.
19 Trevor Barnes, American Pragmatism: Towards a Geographical Introduction, Geoforum, vol. 39, no. 4, 2008, pp. 1544–1545.
20 Richard Rorty, Philosophy and the Mirror of Nature (Oxford: Blackwell, 1980), p. 318.
21 Richard Bernstein, The Pragmatic Century, in The Pragmatic Century: Conversations with Richard J. Bernstein, edited by Sheila Davaney and Warren Frisina (Albany, NY: State University of New York Press, 2006), pp. 1–14.
22 Patsy Healey, The Pragmatic Tradition in Planning Thought, Journal of Planning Education and Research, vol. 28, no. 3, 2009, pp. 277–292.
23 Raymond Pfeiffer, An Introduction to Classic American Pragmatism, Philosophy Now, issue 43, July 2012. Accessed September 14, 2012: http://philosophynow.org/issues/43/An_Introduction_to_Classic_American_Pragmatism.
24 John Dewey, Creative Intelligence: Essays in the Pragmatic Attitude (New York: Holt, 1917), p. 65.
25 Richard Rorty, Things in the Making: Contemporary Architecture and the Pragmatist Imagination, draft Remarks Written for the Museum of Modern Art (New York) Symposium 2000 (Irvine, CA: Richard Rorty Papers, University of California, Irvine

Libraries: Special Collections and Archives, 2000).
26 Gary Bridge, Reason in the City of Difference: Pragmatism, Communicative Action and Contemporary Urbanism (London: Routledge, 2005).
27 Trevor Barnes, American Pragmatism: Towards a Geographical Introduction, Geoforum, vol. 39, 2008, pp. 1551–1552.
28 AKPBSI, Inspiring Change Through Safe, Secure & Healthy Habitat (Mumbai: Aga Khan Planning and Building Service India, 2011), p. 1.
29 Aseem Inam, Situation Review: Gujarat: Rural Habitat Development Programme (Mumbai: Aga Khan Planning and Building Service India, May 8, 1987).
30 Aseem Inam, Abad: Rural Habitat Development Programme: Executive Summary (Mumbai: Aga Khan Planning and Building Service India, November 13, 1987), p. 3.
31 AKDN, Planning and Building Activities in India (Geneva: Aga Khan Development Network, 2007). Accessed October 7, 2011: www.akdn.org/india_building.asp.
32 Aseem Inam, Area Selection: Gujarat: Rural Habitat Development Programme (Mumbai: Aga Khan Planning and Building Service India, May 15, 1987), p. 2.
33 Aseem Inam, Abad: Rural Habitat Development Programme Annual Progress Report (Mumbai: Aga Khan Development Network, 1988), p. 11.
34 Trevor Barnes, American Pragmatism: Towards a Geographical Introduction, Geoforum, vol. 39, 2008, p. 1544.
35 Anita Miya, telephone interview with Jana Grammens in New York on April 9, 2012. Anita Miya, Head of Developmental Programs, Aga Khan Planning and Building Service India, Mumbai.
36 AKDN, Gujarat Environmental Health Improvement Programme: Improving Rural Water Supply and Sanitation (New Delhi: Aga Khan Development Network, 2003), p. 2.
37 AKDN, Planning and Building Activities in India (Geneva: Aga Khan Development Network, 2007). Accessed October 7, 2011: http://www.akdn.org/india_building.asp.
38 AKDN, The Jammu and Kashmir Earthquake Reconstruction Programme (New Delhi: Aga Khan Development Network, 2010), pp. 9–13.
39 AKDN, Stemming the Tide: Relief, Reconstruction, and Development in Costal Andhra Pradesh (New Delhi: Aga Khan Development Network, 2009), pp. 3 and 5.
40 AKDN, Aga Khan Planning and Building Service, India (New Delhi: Aga Khan Development Network, 2005), p. 3.
41 Bella Patel Uttekar et al., Environmental Health Improvement Program (EHIP): Gujarat: A Baseline Survey (Vadodara, India: Centre for Operations Research and Training, 2007).

第三章

1 Kevin Lynch, Good City Form (Cambridge, MA: MIT Press, 1981).
2 William James, A Pluralistic Universe (New York: Longmans, Green, and Co., 1909), pp. 263–264.
3 See especially William James, A Pluralistic Universe: Hibbert Lectures at Manchester College on the Present Situation in Philosophy (New York: Longmans, Green, and Co., 1909), and Russell Goodman, James on the Nonconceptual, Midwest Studies in Philosophy, vol. 28, no. 1, 2004, pp. 137–148.
4 William James, A Pluralistic Universe: Hibbert Lectures at Manchester College on the Present Situation in Philosophy (New York: Longmans, Green, and Co., 1909), p. 96.
5 Gary Hack, Urban Flux, in Companion to Urban Design, edited by Tridib Banerjee and Anastasia Loukaitou-Sideris (New York: Routledge, 2011), p. 446.
6 Ibid., p. 13.
7 Spiro Kostof, The City Assembled: The Elements of Urban Form through History (New York: Bulfinch Press, 1999), pp. 266–277.
8 Gary Hack, Urban Flux, in Companion to Urban Design, edited by Tridib Banerjee and Anastasia Loukaitou-Sideris (New York: Routledge, 2011), p. 447.
9 William James, A Pluralistic Universe: Hibbert Lectures at Manchester College on the Present Situation in Philosophy (New York: Longmans, Green, and Co., 1909), p. 253.
10 Spiro Kostof, The City Shaped: Urban Patterns and Meaning Through History (New York: Bulfinch Press, 1991), p. 13.
11 Patrick Geddes, Cities in Evolution: An Introduction to the Town Planning Movement and to the Study of Civics (London: Williams, 1915), p. 107.
12 James Vance, The Continuing City: Urban Morphology in Western Civilization (Baltimore, MD: Johns Hopkins University Press, 1990), p. 38.
13 David Harvey, From Space to Place and Back Again: Reflections on the Condition of Postmodernity. Paper: UCLA Graduate School of Architecture and Planning Colloquium, May 13, 1991, p. 39.
14 David Harvey, The Condition of Postmodernity (Oxford: Blackwell, 1990).
15 David Harvey, The Urban Process Under Capitalism: A Framework for Analysis, International Journal of Urban and Regional Research, vol. 2, no. 1, 1978, p. 113.
16 Manuel Castells, The City and the Grassroots: A Cross-Cultural Theory of Urban Social Movements (London: Edward Arnold, 1983), p. 314.
17 Justin Davidson, The Glass Stampede, New York Magazine, September 28, 2008, accessed February 22, 2012: http://nymag.com/arts/architecture/features/49959/.
18 Spiro Kostof, The City Assembled: The Elements of Urban Form through History (New York: Bulfinch Press, 1999), p. 280.
19 Ibid., p. 250.
20 Anne Moudon, Built for Change: Neighborhood Architecture in San Francisco (Cambridge, MA: MIT Press, 1989).

21 Gary Hack, Urban Flux, in *Companion to Urban Design*, edited by Tridib Banerjee and Anastasia Loukaitou-Sideris (New York: Routledge, 2011), p. 449.

22 Christopher Alexander, *A New Theory of Urban Design* (New York: Oxford University Press, 1987).

23 Michael Mehaffy, Generative Methods in Urban Design: A Progress Assessment, *Journal of Urbanism*, vol. 1, no. 1, 2008, p. 62.

24 Hardimos Tsoukas and Robert Chia, On Organizational Becoming: Rethinking Organizational Change, *Organization Science*, vol. 13, no. 5, 2002, p. 570.

25 Peter Rowe, *Building Barcelona: A Second Renaixença* (Barcelona: Barcelona Regional and ACTAR, 2006), p. 88.

26 Oriol Nelxlo, *The Olympic Games as a Tool for Urban Renewal: The Experience of Barcelona'92 Olympic Village* (Barcelona: Centre d'Estudis Olimpics UAM, 1997), p. 6.

27 Ibid., p. 4.

28 Sergi Valera and Joan Guàrdia, Urban Social Identity and Sustainability: Barcelona's Olympic Village, *Environment and Behavior*, vol. 34, no. 1, 2002, p. 56.

29 Peter Rowe, *Building Barcelona: A Second Renaixença* (Barcelona: Barcelona Regional and ACTAR, 2006), p. 95.

30 Peter Buchanan, Urbane Village, *Architectural Review*, vol. 191, no. 1146, August 1992, p. 30.

31 Jordi Carbonell, *The Olympic Village, Ten Years On: Barcelona: The Legacy of the Games 1992–2002*, published report, 2005. Barcelona: Centre d'Estudis Olimpics, Universitat Autònoma de Barcelona, accessed January 16, 2012: http://olympicstudies.uab.es/pdf/wp087.pdf.

32 Ibid., pp. 3–4.

33 Joseph Giovannini, Olympic Overhaul, *Progressive Architecture*, vol. 73, no. 7, July 1992, pp. 62–69; and Peter Rowe, *Building Barcelona: A Second Renaixença* (Barcelona: Barcelona Regional and ACTAR, 2006).

34 Jordi Carbonell, *The Olympic Village, Ten Years On: Barcelona: The Legacy of the Games 1992–2002.* (Barcelona: Centre d'Estudis Olimpics, Universitat Autònoma de Barcelona, 2005, p. 5), accessed January 16, 2012: http://olympicstudies.uab.es/pdf/wp087.pdf.

35 Peter Rowe, *Building Barcelona: A Second Renaixença* (Barcelona: Barcelona Regional and ACTAR, 2006), p. 98.

36 Jordi Carbonell, *The Olympic Village, Ten Years On: Barcelona: The Legacy of the Games 1992–2002.* (Barcelona: Centre d'Estudis Olimpics, Universitat Autònoma de Barcelona, 2005, p. 7), accessed January 16, 2012: http://olympicstudies.uab.es/pdf/wp087.pdf.

37 Oriol Nelxlo, *The Olympic Games as a Tool for Urban Renewal: The Experience of Barcelona'92 Olympic Village* (Barcelona: Centre d'Estudis Olimpics UAM, 1997), pp. 5–6.

38 Jordi Carbonell, *The Olympic Village, Ten Years On: Barcelona: The Legacy of the Games 1992–2002.* (Barcelona: Centre d'Estudis Olimpics, Universitat Autònoma de Barcelona, 2005, p. 7), accessed January 16, 2012: http://olympicstudies.uab.es/pdf/wp087.pdf.

39 Peter Rowe, *Building Barcelona: A Second Renaixença* (Barcelona: Barcelona Regional and ACTAR, 2006), p. 100.

40 David Cohn, Olympic Village, *Architectural Record*, vol. 180, no. 8, August 1992: page 107.

41 Joseph Giovannini, Olympic Overhaul, *Progressive Architecture*, vol. 73, no. 7, July 1992, p. 64; and Peter Rowe, *Building Barcelona: A Second Renaixença* (Barcelona: Barcelona Regional and ACTAR, 2006).

42 Jordi Carbonell, *The Olympic Village, Ten Years On: Barcelona: The Legacy of the Games 1992–2002* (Barcelona: Centre d'Estudis Olimpics, Universitat Autònoma de Barcelona, 2005) accessed January 16, 2012: http://olympicstudies.uab.es/pdf/wp087.pdf.

43 Ferran Brunet, *An Economical Analysis of the Barcelona '92 Olympic Games*; Miquel de Moragas and Miquel Botella, *The Keys to Success: The Social, Sporting, Economic and Communications Impact of Barcelona'92* (Barcelona: Servei de Publicacions de la UAB, 1995), pp. 203–237; and Francesc Muñoz, Olympic Urbanism and Olympic Villages: Planning Strategies in Olympic Host Cities, London 1908 to London 2012, *Editorial Board of the Sociological Review*, 2006, pp. 175–187.

44 Susan Doubilet, Barcelona's Olympic Village, *Progressive Architecture*, vol. 68, March 1987, p. 46.

45 Francesc Muñoz, Olympic Urbanism and Olympic Villages: Planning Strategies in Olympic Host Cities, London 1908 to London 2012, *Editorial Board of the Sociological Review*, 2006, pp. 175–187; also Joseph Giovannini, Olympic Overhaul, *Progressive Architecture*, vol. 73, no. 7, p. 64.

46 Peter Rowe, *Building Barcelona: A Second Renaixença* (Barcelona: Barcelona Regional and ACTAR, 2006), pp. 87–88.

47 For example, see Donald McNeill, Mapping the European Urban Left: The Barcelona Experience, *Antipode*, vol. 35, no. 1, January 2003, pp. 74–94; also Nico Calavita and Amador Ferrer, Behind Barcelona's Success Story: Citizen Movements and Planners' Power, *Journal of Urban History*, vol. 26, no. 6, September 2000, pp. 793–807.

48 For example, see David Cohn, Olympic Village, *Architectural Record*, vol. 180, August 1992, p. 107; Joseph Giovannini, Olympic Overhaul, *Progressive Architecture*, vol. 73, no. 7, July 1992, p. 64; also Peter Rowe, *Building Barcelona: A Second Renaixença* (Barcelona: Barcelona Regional and ACTAR, 2006).

49 Susan.Doubilet, Barcelona's Olympic Village, *Progressive Architecture*, vol. 68, March 1987, p. 45.

50 Nico Calavita and Amador Ferrer, Behind Barcelona's Success Story: Citizen Movements and Planners' Power, *Journal of Urban History*, vol. 26, no. 6, September 2000, p. 795.

51 Oriol Nelxlo, *The Olympic Games as a Tool for Urban Renewal: The Experience of Barcelona'92 Olympic Village* (Barcelona: Centre d'Estudis Olimpics UAM, 1997), p. 4.

52 Juli Esteban, The Planning Project: Bringing Value to the Periphery, Recovering the Centre, in *Transforming Barcelona*, edited by Tim Marshall (London: Routledge, 2004), pp. 111–150.

53 Ibid., p. 114.

54 Nico Calavita and Amador Ferrer, Behind Barcelona's Success Story: Citizen Movements and Planners' Power, *Journal of Urban History*, vol. 26, no. 6, September 2000, p. 803.

55 Joseph Giovannini, Olympic Overhaul, *Progressive Architecture*, vol. 73, no. 7, July 1992, p. 62.

56 John Gold and Margaret Gold, Olympic Cities: Regeneration, City Rebranding and Changing Urban Agendas, *Geography Compass*, vol. 2, no. 1, 2008, pp. 300–318.

57 Stephen Essex and Brian Chalkley, Olympic Games: Catalyst of Urban Change, *Leisure Studies*, vol. no. 3, 1998, p. 196.

58 Peter Rowe, *Building Barcelona: A Second Renaixença* (Barcelona: Barcelona Regional and ACTAR, 2006), pp. 101–103.

59 Donald McNeill, Mapping the European Urban Left: The Barcelona Experience, *Antipode*, vol. 35, no. 1, January 2003, p. 83.

60 Ibid., p. 84.

61 Oriol Nelxlo, *The Olympic Games as a Tool for Urban Renewal: The Experience of Barcelona'92 Olympic Village* (Barcelona: Centre d'Estudis Olimpics UAM, 1997), pp. 5–7.

62 David Cohn, Olympic Village, *Architectural Record*, vol. 180, August 1992, p. 107.

63 Stefano Bianca, Introduction: A Comprehensive Vision of Urban Rehabilitation, *Al-Azhar Park, Cairo and the Revitalisation of Darb Al-Ahmar: Project Brief*, (Aga Khan Trust for Culture, 2005), p. 10.

64 Hala Nassar, Revolutionary Idea, *Landscape Architecture Magazine*, vol. 101, no. 4, April 2011, p. 97.

65 Stefano Bianca, Introduction: A Comprehensive Vision of Urban Rehabilitation, *Al-Azhar Park, Cairo and the Revitalisation of Darb Al-Ahmar: Project Brief* (Aga Khan Trust for Culture, 2005).

66 Ibid., p. 10.

67 Hala Nassar, Revolutionary Idea, *Landscape Architecture Magazine*, vol. 101, no. 4, April 2011, pp. 88–101.

68 Maher Stino cited by Hala Nassar, Revolutionary Idea, *Landscape Architecture Magazine*, vol. 101, no. 4, April 2011, p. 101.

69 Ibid.

70 Hugo Massa, Community Approach to Rehabilitation of Historic District, *Al Masry Al Youm*, English edition, August 11, 2011, accessed January 11, 2012: www.almasryalyoum.com/en/node/485515.

71 Francesco Siravo, Reversing the Decline of a Historic District, in *Al-Azhar Park, Cairo and the Revitalisation of Darb Al-Ahmar*, edited by AKTC (Geneva: Aga Khan Trust for Culture, 2005), pp. 36–37.

72 Hala Nassar, Revolutionary Idea, *Landscape Architecture Magazine*, vol. 101, no. 4, April 2011, p. 100.

73 Francesco Siravo, Reversing the Decline of a Historic District, in *Al-Azhar Park, Cairo and the Revitalisation of Darb Al-Ahmar*, edited by AKTC (Geneva: Aga Khan Trust for Culture, 2005), pp. 40–41.

74 Cathryn Drake, Spirit of Community: A Mosque in Cairo is Restored for – and by – Locals. *Metropolis*, February 2010, accessed www.metropolismag.com/cda/print_friendly.php?artid=4154.

75 AKDN [Aga Khan Development Network], *The Aga Khan Development Network in Egypt*, brief (Geneva: Aga Khan Development Network, 2010).

76 Ibid.

77 Ibid.

78 Ibid.

79 Ibid.

80 Ibid.

81 Nicolai Ouroussoff, In a Decaying Cairo Quarter, a Vision of Green and Renewal, *New York Times*, October 17, 2004: E1, E7. Accessed http://query.nytimes.com/gst/fullpage.html?res=9D02E7D9123AF93AA25753C1A9629C8B63&pagewanted=print.

82 Hadini Ditmars, A Shock of Green in Concrete Cairo, *Globe and Mail*, March 12, 2005, accessed January 11, 2012: www.theglobeandmail.com/life/a-shock-of-green-in-concrete-cairo/article217998/.

83 Hala Nassar, Revolutionary Idea, *Landscape Architecture Magazine*, vol. 101, no. 4, April 2011, p. 97.

84 AKDN, *The Aga Khan Development Network in Egypt*, brief (Geneva: Aga Khan Development Network, 2010).

85 Cathryn Drake, Spirit of Community: A Mosque in Cairo is Restored for – and by – Locals, *Metropolis*, February 2010, accessed www.metropolismag.com/cda/print_friendly.php?artid=4154.

86 Ibid.

87 Channa Halpern, Del Close, and Kim Johnson, *Truth in Comedy: The Manual of Improvisation* (Colorado Springs: Meriweather Publishing Ltd., 1994).

88 Mick Napier, *Improvise: Scene from the Inside Out* (Portsmouth, NH: Heinemann, 2004).

89 Keith Sawyer, *Group Genius: The Creative Power of Collaboration* (New York: Basic Books, 2008).

90 Matthew Vitug and Brian Kliener, How Can Comedy Be Used in Business? *International Journal of Productivity and Performance Management*, vol. 56, no. 2, 2007, pp. 155–161.

91 Elizabeth Gerber, Improvisation Principles and Techniques for Design, *Computer/Human Interaction Conference 2007 Proceedings: Learning and Education* (New York: Association for Computing Machinery Press, 2007), pp. 1069–1072.

92 Upright Citizens Brigade, *ASSSSCAT! Renegade Improv DVD* (Los Angeles, CA: Upright Citizens Brigade, 2007).

93 Channa Halpern, Del Close, and Kim Johnson, *Truth in Comedy: The Manual of Improvisation* (Colorado Springs: Meriweather Publishing Ltd., 1994); and Mick Napier, *Improvise: Scene from the Inside Out* (Portsmouth, NH: Heinemann, 2004).

94 Ibid., p. 37.

95 Ibid., pp. 46–47.
96 Sara Zewde, Reflective Essay: MIT Experimental Design Studio, 2009, accessed January 23, 2010: http://wikis.mit.edu/confluence/display/11DOT950sp09/Home.
97 Hannah Creeley, Reflective Essay: MIT Experimental Design Studio, 2009, accessed January 23, 2010: http://wikis.mit.edu/confluence/display/11DOT950sp09/Home.
98 Sarah Snider, Reflective Essay: MIT Experimental Design Studio, 2009, accessed January 23, 2010: http://wikis.mit.edu/confluence/display/11DOT950sp09/Home.
99 Catherine Duffy, Reflective Essay: MIT Experimental Design Studio, 2009, accessed January 23, 2010: http://wikis.mit.edu/confluence/display/11DOT950sp09/Home.
100 Sarah Snider, Reflective Essay: MIT Experimental Design Studio, 2009, accessed January 23, 2010: http://wikis.mit.edu/confluence/display/11DOT950sp09/Home.
101 Kathleen Ziegenfuss, Reflective Essay: MIT Experimental Design Studio, 2009, accessed January 23, 2010: http://wikis.mit.edu/confluence/display/11DOT950sp09/Home.
102 Anastasia Loukaitou-Sideris and Tridib Banerjee, *Urban Design Downtown: Poetics and Politics of Form* (Berkeley: University of California Press, 1998).
103 Henri Bergson, *The Creative Mind* (New York: Carol Publishing Group, 1946), p. 131.

第四章

1   Beatriz Plaza, On Some Challenges and Conditions for the Guggenheim Museum Bilbao to be an Effective Economic Re-activator, *International Journal of Urban and Regional Research*, vol. 32, no. 2, June 2008, pp. 506–517.
2   American Institute of Architects, AIA Institute Honor Awards for Regional & Urban Design: Beijing CBD East Expansion (Washington, DC: American Institute of Architects, 2011), accessed October 7, 2012: http://www.aia.org/practicing/awards/2011/regional-urban-design/beijing-cbd-east-expansion/index.htm expansion/index.htm.
3   Charles Peirce, *Collected Papers of Charles Sanders Peirce*, volumes 1–6, edited by Charles Hartshorne and Paul Weiss, 1931–1935 (Cambridge, MA: Harvard University Press, volume 5, paragraph 9, 1905).
4   Patsy Healey, The Pragmatic Tradition in Planning Thought, *Journal of Planning Education and Research*, vol. 28, no. 3, 2009, p. 280.
5   Charles Peirce, *The Essential Peirce: Selected Philosophical Writings: Volume 2: 1893–1913* (Indianapolis: Indiana University Press, 1998), p. 400.
6   Charles Peirce, How to Make Our Ideas Clear, *Popular Science Monthly*, vol. 12, January 1878, p. 293.
7   John Smith, Community and Reality, in *Perspectives on Peirce: Critical Essays on Charles Sanders Peirce*, edited by Richard Bernstein (Westport, CT: Greenwood Press, 1965), p. 113.
8   Elizabeth Cooke, *Peirce's Pragmatic Theory of Inquiry: Fallibilism and Indeterminacy* (London: Continuum, 2006).
9   Arthur Lovejoy, What is the Pragmatistic Theory of Meaning? The First Phase, in *Studies in the Philosophy of Charles Sanders Peirce*, edited by Philip Wiener and Frederic Young (Cambridge: Harvard University Press, 1952), pp. 16–20.
10 Richard Bernstein, interview, New York: Vera List Professor of Philosophy, The New School, March 20, 2012.
11 William James, *Pragmatism* (New York: Longmans, Green, 1907), pp. 54–55.
12 Ibid., p. 30.
13 This discussion is derived from Patsy Healey, The Pragmatic Tradition in Planning Thought, *Journal of Planning Education and Research*, vol. 28, no. 3, 2009, pp. 279–280.
14 Elizabeth Cooke, *Peirce's Pragmatic Theory of Inquiry: Fallibilism and Indeterminacy* (London: Continuum, 2006).
15 Richard Bernstein, interview, New York: Vera List Professor of Philosophy, The New School, March 20, 2012.
16 Aseem Inam, *From Intentions to Consequences: TOD Design Guidelines and Rio Vista Project in San Diego* (Chicago, IL: Urban Design and Preservation Division, American Planning Association, 2012).
17 Howard Frumkin, Lawrence Frank, and Richard Jackson, *Urban Sprawl and Public Health: Designing, Planning, and Building for Healthy Communities* (Washington, DC: Island Press, 2004), p. xiv.
18 Laura Jackson, The Relationship of Urban Design to Human Health and Condition, *Landscape and Urban Planning*, vol. 64, 2003, pp. 191–200.
19 Douglas Farr, *Sustainable Urbanism: Urban Design With Nature* (New York: Wiley, 2007).
20 Centre Pompidou, Background (Paris: Official Website of the Centre Pompidou, 2012), accessed June 20, 2012: www.centrepompidou.fr/.
21 Paul Lewis, For Pompidou Centre at 10, The Screams Have Turned to Cheers: *The New York Times*, February 17, 1987.
22 Centre Pompidou, Background (Paris: Official Website of the Centre Pompidou, 2012), accessed June 20, 2012: www.centrepompidou.fr/.
23 Andre Fermigier, *Le Monde*, February 1, 1977, translated from the French by Aseem Inam.
24 Nathan Silver, *The Making of Beaubourg: A Building Biography of the Centre Pompidou, Paris* (Cambridge, MA: MIT Press, 1994), p. 1.
25 Judy Fayard, The New Pompidou, *The Wall Street Journal*, February 3, 2000, p. A24.
26 Renzo Piano and Richard Rogers, *Du Plateau Beaubourg au Centre Georges Pompidou: Renzo Piano, Richard Rogers entretien avec Antoine Picon* (Paris: Association de Amis du Centre Georges Pompidou, 1987).
27 Pompidou Centre set for 2-year Renovation, *New York Times*, April 8, 1994, retrieved from http://www.nytimes.com/1994/04/08/arts/pompidou-center-set-for-2-year-renovation.html.
28 Paul Lewis, For Pompidou Centre at Age 10, the Screams Have Turned to Cheers, *New York Times*, February 17, 1987, p. C17.
29 Nathan Silver, *The Making of Beaubourg: A Building Biography of the Centre Pompidou, Paris* (Cambridge, MA: MIT Press, 1994), p. 186.
30 Carl Grodach, Museums as Urban Catalysts: The Role of Urban Design in Flagship Cultural Development, *Journal of Urban Design*, vol. 13, no. 2, June 2008, pp. 195–196.
31 Stephen Carr, Mark Francis, Leanne Rivlin, and Andrew Stone, *Public Space* (Press Syndicate of the University of Cambridge, 1992), p. 113.
32 Jeffrey Chusid, *An Innocent Abroad: Joseph Stein in India* (New Dehli: India International Centre Occasional Publication 18, 2010).
33 Massachusetts Department of Transportation – Highway Division, The Central Artery/Tunnel Project – The Big Dig, accessed January 25, 2010: www.massdot.state.ma.us/Highway/bigdig/bigdigmain.aspx.
34 The NewsHour with Jim Lehrer, America in Gridlock, accessed Janury 25, 2010: www.pbs.org/wnet/blueprintamerica/reports/america-in-gridlock/video-the-big-dig/5/.
35 William James, *Pragmatism* (New York: Dover, 1995), p. 22.
36 William James, *Collected Essays and Reviews* (London: Longmans, Green and Co., 1920), p. 413.
37 Pete Sigmund, Triumph, Tragedy Mark Boston's Big Dig Project, *ConstructionEquipmentGuide.com*, 2010, accessed February 15, 201: www.constructionequipmentguide.com/specials/historical/bigdig.asp.
38 Economic Development Research Group, *Economic Impacts of the Massachusetts Turnpike Authority and the Central Artery/Third Harbor Tunnel Project* (Boston, MA: Massachusetts Turnpike Authority, 2006), p. 9.
39 Nicole Gelinas, Lessons of Boston's Big Dig. *City Journal*, Autumn 2007, accessed January 26, 2010: www.city-journal.org/html/17_4_big_dig.html.
40 Kayo Tajima, New Estimates of the Demand for Urban Green Space: Implications for Valuing the Environmental Benefits of Boston's Big Dig Project, *Journal of Urban Affairs*, vol. 25, no. 5, 2003, pp. 652–654.
41 BioCycle, New Park Grows from Big Dig and Compost, *BioCycle*, vol. 43, no. 8, August 2002, p. 19.
42 Paul Goldberger, Salvage Artists, *The New Yorker*, March 19, 2007, accessed June 19, 2010: www.newyorker.com/arts/critics/skyline/2007/03/19/070319crsk_skyline_goldberger?printable=true.
43 Mass DOT Highway Division, The Central Artery/Tunnel Project – The Big Dig – Tunnels and Bridges (Boston, MA, 2011), accessed January 28, 2011: www.massdot.state.ma.us/Highway/bigdig/tunnels_bridges.aspx.
44 Rosalind Williams, The Big Dig, *Technology and Culture*, vol. 47, no. 3, July 2006, p. 708.
45 Brendan Patrick Hughes, Boston: City Study, *Next American City*, March 4, 2010, p. 28.
46 J. Meejin Yoon and Meredith Miller, *Public Works: Unsolicited Small Projects for the Big Dig* (Hong Kong: Map Book Publishers, 2008), p. 10.

第五章

1   Privatism is the view that society is organized around the individual pursuit of wealth, and that the role of government is limited to establishing coordinated frameworks among individual wealth-seekers and to ideally ensure a setting where all individuals and enterprises can pursue wealth creation. See Sam Bass Warner, *The Private City: Philadelphia in Three Periods of Its Growth*, 2nd edn (Philadelphia: University of Pennsylvania Press, 1987).
2   Richard Rorty, *Philosophy and Social Hope* (London: Penguin Books, 1999), pp. xxvii–xxix.
3   Richard Rorty, cited by Peter Reason, *Action Research*, vol. 1, no. 1, 2003, p. 114.
4   Richard Rorty, *Philosophy and Social Hope* (London: Penguin Books, 1999), p. xxix.
5   Ibid., p. 85.
6   Sharon Zukin, *Landscapes of Power: From Detroit to Disney World* (Berkeley, CA: California University Press, 1991), p. 39.
7   Ibid.
8   Murray Edelman, *From Art to Politics: How Artistic Creations Shape Political Conceptions* (Chicago, IL: University of Chicago Press, 1995), p. 74.
9   David Harvey, *Spaces of Hope* (Berkeley, CA: University of California Press, 2000), p. 157.
10 Ibid., p. 164.
11 John Logan and Harvey Molotch, *Urban Fortunes: The Political Economy of Place* (Berkeley, CA: University California Press, 1987), pp. 1–16.
12 Harvey Molotch, The City as a Growth Machine: Toward a Political Economy of Place, *American Journal of Sociology*, vol. 82, no. 2, September 1976, p. 309.
13 Eric Hobsbawm, Introduction: Inventing Traditions, in *The Invention of Tradition*, edited by Eric Hobsbawm and Terence Ranger (Cambridge: Cambridge University Press, 1983), pp. 1–2.
14 Richard Rorty, Is Philosophy Relevant to Allied Ethics? *Business Ethics Quarterly*, vol. 16, no. 3, July 2006, p. 373.
15 Aseem Inam, Senior Project Manager, Moule & Polyzoides Architects and Urbanists, email message, May 24, 2006.
16 Steve Helvey, City Manager, Whittier, cited by Aseem Inam, email message, February 19, 2008.
17 Steve Helvey, City Manager, Whittier, email message, November 20, 2007.
18 Steve Helvey, City Manager, Whittier, email message, December 1, 2006.

19 Jeffrey Tumlin, Parking, in *Form Based Codes: A Guide for Planners, Urban Designers, Municipalities, and Developers*, edited by Daniel Parolek, Karen Parolek, and Paul Crawford (New York: Wiley, 2008), p. 50.

20 Aseem Inam, *Moule & Polyzoides: Responses to Agenda Items: Uptown Whittier Specific Plan: Planning Commission Study Sessions* (Pasadena, CA: Moule & Polyzoides Architects and Urbanists, July 30, 2007), pp. 9–10.

21 Moule & Polyzoides, *Uptown Whittier Specific Plan* (Pasadena, CA: Moule & Polyzoides Architects and Urbanists for the City of Whittier, adopted by the City Council on November 8, 2008), p. 3:5.

22 Ibid., p. 2:24.

23 Ibid.

24 Ibid., p. 2:7.

25 Ibid., p. 2:23.

26 Lester Salomon, ed., *The Tools of Government: A Guide to the New Governance* (New York: Oxford University Press, 2002), pp. 32–34.

27 Martha Chen, *The Informal Economy: Definitions, Theories and Policies*, WIEGO Working Paper No. 1 (Cambridge, MA: Women in Informal Employment: Globalizing and Organizing, August 2012), p. 2.

28 Ibid., p. 4.

29 UN Habitat, *The Challenge of Slums: Global Report on Human Settlements 2003* (London: United Nations Human Settlements Programme and Earthscan, 2003), p. xxvi.

30 Ibid., p. 10.

31 Ibid., p. 11.

32 Mike Davis, *Planet of Slums* (London: Verso, 2006), p. 19.

33 Ibid., pp. 17–18.

34 Leonardo Avritzer, Living Under a Democracy: Participation and Its Impact on the Living Conditions of the Poor, *Latin American Research Review*, vol. 45, special issue, 2010, p. 171.

35 Ibid., pp. 172–177.

36 Fernando Lara, Beyond Curitiba: The Rise of a Participatory Model for Urban Intervention in Brazil, *Urban Design International*, vol. 15, no. 2, 2010, p. 122.

37 Jessica Bremner and Caroline Park, *Shifting Power: The Importance of Funding Community Participation*, report (Los Angeles, and Boston, MA: University of California: Affordable Housing Institute, 2010b), p. 37.

38 Belo Horizonte, Prefeitura Municipal de Belo Horizonte, *Participatory Budgeting in Belo Horizonte: Fifteen Years 1993–2008*, report (Belo Horizonte, Brazil: Prefeitura Municipal de Belo Horizonte, 2009), pp. 31–33.

39 Fernando Lara, Beyond Curitiba: The Rise of a Participatory Model for Urban Intervention in Brazil, *Urban Design International*, vol. 15, no. 2, 2010, p. 124.

40 Fernando Lara, Beyond Curitiba: The Rise of a Participatory Model for Urban Intervention in Brazil, *Urban Design International*, vol. 15, no. 2, 2010, p. 123; and Jessica Bremner and Caroline Park, *Shifting Power: The Importance of Funding Community Participation*, report (Los Angeles, and Boston, MA: University of California: Affordable Housing Institute, 2010b), pp. 39–40.

41 Jessica Bremner and Caroline Park, *Shifting Power: Scaling-Up Self-Management*, paper (Los Angeles, CA: University of California, 2010a), pp. 2–5; and João Filho and Jorge Ávila, Urbanização da Pobreza e Regularização de Favelas em Belo Horizonte, *Anais do XIII Seminário sobre a Economia Mineira CEDEPLAR: Belo Horizonte*, 2008, Folha, 2009, accessed April 27, 2010: www1.folha.uol.com.br/folha/dinheiro/ult91u551084.shtml.

42 Jessica Bremner and Caroline Park, *Shifting Power: Scaling-Up Self-Management*, paper (Los Angeles, CA: University of California, 2010a), pp. 8–9.

43 CAIXA, History (Brasilia: Caixa Econômica Federal, 2006), accessed March 15, 2013: www1.caixa.gov.br/idiomas/ingles/history.asp.

44 Jessica Bremner and Caroline Park, *Shifting Power: Scaling-Up Self-Management*, paper (Los Angeles, CA: University of California, 2010a), pp. 8–9.

45 Ibid., pp. 9–10.

46 Ibid., p. 11.

47 Fernando Lara, Beyond Curitiba: The Rise of a Participatory Model for Urban Intervention in Brazil, *Urban Design International*, vol. 15, no. 2, 2010, p. 125; Belo Horizonte, Prefeitura Municipal de, *Vila Viva Program*, presentation, Belo Horizonte: 2012 World Congress of the International Council for Local Environmental Initiatives (ICLEI), 2012; and Junia Naves Nogueira, Director of the Division for Funding, personal communication, URBEL – Companhia Urbanizadora e de Habitação de Belo Horizonte, July 24, 2012.

48 Jessica Bremner and Caroline Park, *Shifting Power: The Importance of Funding Community Participation*, report (Los Angeles, and Boston, MA: University of California: Affordable Housing Institute, 2010b), p. 45.

49 Belo Horizonte, Prefeitura Municipal de, *Vila Viva Program*, presentation, Belo Horizonte: 2012 World Congress of the International Council for Local Environmental Initiatives (ICLEI), 2012.

50 Fernando Lara, Beyond Curitiba: The Rise of a Participatory Model for Urban Intervention in Brazil, *Urban Design International*, vol. 15, no. 2, 2010, p. 126.

51 Jessica Bremner and Caroline Park, *Shifting Power: Scaling-Up Self-Management*, paper (Los Angeles CA: University of California, 2010a), pp. 11–12.

52 Carlos Teixeira, Vila Viva Favela Redesign: Part 3, Principal, Vazio S/A Arquitetura e Urbanismo, Belo Horizonte, presentation, *Design and Urban Practice Colloquium Lecture Series*, Parsons The New School for Design, New York, November 2, 2011.

53 Belo Horizonte, Prefeitura Municipal de, *Participatory Budgeting in Belo Horizonte: Fifteen Years 1993–2008*, report (Belo Horizonte, Brazil: Prefeitura Municipal de Belo Horizonte, 2009), p. 5.

54 Terence Wood and Warwick Murray, Participatory Democracy in Brazil and Local

Geographies: Porto Alegre and Belo Horizonte Compared, *European Review of Latin American and Caribbean Studies*, no. 83, October 2007, pp. 19–41.

55 Ibid.

56 Arif Hasan and Masooma Mohib, The Case of Karachi, Pakistan, *Understanding Slums: Case Studies for the Global Report on Human Settlements* (UN-Habitat, 2003), p. 14.

57 Perween Rahman, *Orangi Pilot Project – Institutions and Programs*, memorandum (Karachi: Orangi Pilot Project – Research & Training Institute, March 2010), p. 1.

58 Arif Hasan and Masooma Mohib, The Case of Karachi, Pakistan, *Understanding Slums: Case Studies for the Global Report on Human Settlements* (UN-Habitat, 2003), p. 15.

59 Orangi Pilot Project – Research & Training Institute, September 2011, accessed February 25, 2013: www.oppinstitutions.org/.

60 Ashad Hasim, Karachi's Killing Fields, September 6, 2012, Aljazeera, accessed February 25, 2013: www.aljazeera.com/indepth/interactive/2012/08/2012822102920951929.html; and Q&A: Ethnicity, Land, and Violence in Karachi, June 19, 2012, accessed February 25, 2013: www.aljazeera.com/indepth/features/2012/06/201266102153136450.html.

61 Ibid., p. 162.

62 Mir Anjum Altaf, Aly Ercelawn, Kaiser Bengali, and Abdul Rahim, Poverty in Karachi: Incidence, Location, Characteristics and Upward Mobility, *Pakistan Development Review*, vol. 32, no. 2, 1993, p. 169.

63 Arif Hasan, Orangi Pilot Project: The Expansion of Work Beyond Orangi and the Mapping of Informal Settlements and Infrastructure, *Environment and Urbanization*, vol. 18, no. 2, 2006, pp. 451–480.

64 Anna Petherick, Q&A Arif Hasan: Architect of Change, *Nature*, vol. 486, June 14, 2012, p. 190.

65 Akhtar Badshah, *Our Urban Future: New Paradigms for Equity and Sustainability* (London: Zed Books Ltd., 1996), p. 45.

66 Arif Hasan, Asiya Sadiq, and Salim Alimuddin, *Working with Communities* (Karachi: City Press, 2001).

67 Akhtar Badshah, *Our Urban Future: New Paradigms for Equity and Sustainability* (London: Zed Books Ltd., 1996), p. 45.

68 Jeremy Grant, The Orangi Pilot Project: Private Money, Public Interest, *The Financial Times*, August 12, 1997

69 Arif Hasan, Asiya Sadiq, and Salim Alimuddin, *Working with Communities* (Karachi: City Press, 2001).

70 Perween Rahman, *Orangi Pilot Project – Institutions and Programs*, memorandum (Karachi: Orangi Pilot Project – Research & Training Institute, March 2010), pp. 2–3.

71 Akbar Zaidi, From Lane to the City: The Impact of The Orangi Pilot Project's Low Cost Sanitation Model, in *WaterAid Report 2001*, edited by Eric Gutierrez and Virginia Roaf, June 2001.

72 Arif Hasan, Orangi Pilot Project: The Expansion of Work Beyond Orangi and the Mapping of Informal Settlements and Infrastructure, *Environment and Urbanization*, vol. 18, no. 2, 2006, pp. 454–455.

73 Perween Rahman, *Orangi Pilot Project – Institutions and Programs*, memorandum (Karachi: Orangi Pilot Project – Research & Training Institute, March 2010), p. 3.

74 Orangi Pilot Project – Research and Training Institute, Low Cost Housing Programme, accessed February 25, 2013: www.oppinstitutions.org/Housing%20progrm.htm.

75 Orangi Pilot Project – Research and Training Institute, *127th Quarterly Report* (Karachi: Orangi Pilot Project – Research & Training Institute, September 2011), pp. 54–56.

76 Perween Rahman, *Orangi Pilot Project – Institutions and Programs*, memorandum (Karachi: Orangi Pilot Project – Research & Training Institute, March 2010), p. 3.

77 Anna Petherick, Q&A Arif Hasan: Architect of Change, *Nature*, vol. 486, June 14, 2012, p. 190.

78 Perween Rahman, *Orangi Pilot Project – Institutions and Programs*, memorandum (Karachi: Orangi Pilot Project – Research & Training Institute, March 2010), p. 4.

79 Anna Petherick, Q&A Arif Hasan: Architect of Change, *Nature*, vol. 486, June 14, 2012, p. 190.

80 Perween Rahman, *Orangi Pilot Project (OPP) – Institutions and Programs*, memorandum (Karachi: Orangi Pilot Project – Research & Training Institute, March 2010), p. 4.

81 Orangi Pilot Project – Research and Training Institute, *127th Quarterly Report* (Karachi: Orangi Pilot Project – Research & Training Institute, September 2011), pp. 90–91.

82 Akhtar Hameed Khan, *Orangi Pilot Project: Reminiscences and Reflections* (New York: Oxford University Press, 1996), pp. 88–90.

83 Ibid.

84 Orangi Pilot Project – Research and Training Institute, *127th Quarterly Report* (Karachi: Orangi Pilot Project – Research & Training Institute, September 2011), pp. 51–53.

85 Steve Inskeep, *Female Workers Break Stereotypes in Karachi*, National Public Radio Morning Edition, June 5, 2008, accessed March 18, 2013: www.npr.org/2008/06/05/91181163/female-workers-break-stereotypes-in-karachi.

86 Akbar Zaidi, From Lane to the City: The Impact of The Orangi Pilot Project's Low Cost Sanitation Model, report (London: WaterAid, June 2001).

87 Akhtar Badshah, *Our Urban Future: New Paradigms for Equity and Sustainability* (London: Zed Books Ltd, 1996), p. 60.

88 Perween Rahman and Anwar Rashid, *Orangi Pilot Project – Institutions and Programs*, memorandum (Karachi: Orangi Pilot Project – Research & Training Institute, September 2006).

89 Mark Belcher, Modern Revolutions and The Study of Revolutions, *The Journal of Modern History*, vol. 47, no. 3, September 1975, pp. 545–546, emphasis added.

90 Richard Rorty, Is Philosophy Relevant to Allied Ethics? *Business Ethics Quarterly*, vol. 16, no. 3, July 2006, p. 372.

第六章

1   Richard Rorty, *Philosophy and Social Hope* (New York: Penguin Books, 1999), page xxv.

2   Louis Menand, An Introduction to Pragmatism, in *Pragmatism: A Reader*, edited by Louis Menand (New York: Vintage Books, 1997), pp. xiii–xiv.

3   Stephen Wheeler, The Evolution of Built Landscapes of Metropolitan Regions, *Journal of Planning Education and Research*, vol. 27, no. 4, 2008, pp. 400–416.

4   David Thorns, *The Transformation of Cities: Urban Theory and Urban Life* (New York: Palgrave Macmillan, 2002), pp. 3–4.

5   Josef Gugler, *The Urban Transformation of the Developing World* (London: Oxford University Press, 1996), p. xvii.

6   Robert Marans, Quality of Life Studies: An Overview and Implications for Environment-Behaviour Research, *Procedia: Social and Behavioral Sciences*, vol. 35, 2012: pp. 9–22.

7   Economist Intelligence Unit, *A Summary of the Liveability Ranking and Overview: August 2011*, report (London: Economist Intelligence Unit, 2011).

8   Kevin Lynch, *Good City Form* (Cambridge, MA: MIT Press, 1981), p. 111.

9   Ibid., p. 5.

10 Peter Bosselmann, *Urban Transformation: Understanding City Form, and Design* (Washington, DC: Island Press, 2008), pp. 195–196.

11 There are many urban scholars, especially those who emerge out of architectural traditions, who persist with such superficial forms of analysis. For example, see Pier Vittorio Aureli, City as Political Form: Four Archetypes of Urban Transformation, *Architectural Design*, vol. 81, no. 1, January–February 2011, pp. 32–37.

12 Raymond Pfeiffer, An Introduction to Classic American Pragmatism, *Philosophy Now*, July 2012, accessed September 14, 2012: http://philosophynow.org/issues/43/An_Introduction_to_Classic_American_Pragmatism.

13 Richard Rorty cited by Kai Nielsen, in *A Companion to Pragmatism*, edited by John Shook and Joseph Margolis (Chichester: Wiley-Blackwell, 2009), pp. 127–138.

14 Richard Rorty, Is Philosophy Relevant to Applied Ethics? *Business Ethics Quarterly*, vol. 16, no. 3, 2006, pp. 369–380.

15 Robert Westbrook, *John Dewey and American Democracy* (New York: Cornell University Press, 1991), page xv.

16 John Dewey, *The Ethics of Democracy* (Ann Arbor: University of Michigan Philosophical Papers, 1888), p. 247.

17 Eric MacGilvray, Experience as Experiment: Some Consequences of Pragmatism for Democratic Theory, *American Journal of Political Science*, vol. 43, no. 2, April 1999, p. 545.

18 Louis Menand, An Introduction to Pragmatism, in *Pragmatism: A Reader*, edited by Louis Menand (New York: Vintage Books, 1997), p. xxxiv.

19 Vinayak Bharne and Aseem Inam, Engaging the Asian City, in *The Emerging Asian City: Concomitant Urbanities and Urbanisms*, edited by Vinayak Bharne (Abingdon: Routledge, 2013), p. 266.

20 James MacGregor Burns, *Leadership* (New York: Harper, 1978), p. 4.

21 Dennis Dalton, *Mahatma Gandhi: Nonviolent Power in Action* (New York: Columbia University Press, 1993), p. 31.

22 Martin Luther King Jr., Speech, New York: Riverside Church, April 4, 1967.

23 King Research and Education Institute, "Martin Luther King Jr. and the Global Freedom Struggle: Memphis Sanitation Worker's Strike (1968)" (Palo Alto, CA: Stanford University), accessed April 9, 2013: http://mlk-kpp01.stanford.edu/index.php/encyclopedia/encyclopedia/enc_memphis_sanitation_workers_strike_1968/.

附 录

AKTC [Aga Khan Trust for Culture]. 2005. *Al-Azhar Park, Cairo and the Revitalisation of Darb Al-Ahmar: Project Brief*. Geneva: Aga Khan Trust for Culture.

Altshuler, Alan and David Luberoff, editors. 2003. *Mega-Projects: The Changing Politics of Urban Public Investments*. Washington, DC: Brookings Institution Press.

Aziz, Christine. 1997. Water Crisis: Emphasis on Self Help. *The Independent*, March 21, p. W4. Retrieved from search.proquest.com/docview/312597698?accountid=12261.

Bernstein, Richard. 1992. *The New Constellation: The Ethical–Political Horizons of Modernity and Postmodernity*. Cambridge, MA: MIT Press.

Blume, Mary. 2007. Transforming Public Spaces. *International Herald Tribune*, October 2.

Centre Pompidou. 2009. *Le Centre Pompidou En 2009/Bilan D'Activité*, annual report. Paris: Centre National d'Art et de Culture Georges Pompidou.

Centre Pompidou. 2010. *Le Centre Pompidou En 2010/Bilan D'Activité*, annual report. Paris: Centre National d'Art et de Culture Georges Pompidou.

Conti, Alfio. 2001. Autogestão na produção de moradia popular no Brasil: um convite ao estudo. Cadernos de Arquitetura e Urbanismo (PUCMG) Belo Horizonte, vol. 8, pp. 49–68.

Cook, Maria. 2005. The Aga Khan's Cairo miracle: Turning a 500-year-old Garbage Dump into a Park. *The Ottawa Citizen: The Citizen's Weekly*, August 28, p.C3. Retrieved from http://search.proquest.com/docview/240890244?accountid=12261.

Daniszewski, John. 2004. Cairo Digs Into Its Past to Give Park-Starved Residents an Oasis. *Los Angeles Times*, November 28, p. A. 3. Retrieved from http://search.proquest.com/docview/421978352?accountid=12261.

Dufrêne, Bernadette. 2000. *La Creation de Beaubourg*. Grenoble: Presses Universitaires de Grenoble.

Dufrêne, Bernadette. 2007. *Centre Pompidou: Trente Ans d'Histoire*. Paris: Editions de Centre Pompidou.

Fayard, Judy. 2000. The New Pompidou. *The Wall Street Journal*, February 3, p. A.

Forester, John. 1989. *Planning in the Face of Power*. Berkeley and Los Angeles: University of California Press.

Fung, Archon and Erik Olin Wright. 2001. Deepening Democracy: Innovations in Empowered Participatory Governance. In *Politics & Society*, vol. 29, No.1, pp. 5–41.

Garwood, Paul. 2005. The World: Cairo's Poor Fear Eviction as Urban Renewal Arrives. *Los Angeles Times*, March 13, p. A11.

Goodnough, Abby. 2008. Boston Has High Hopes Now That the Dig Is Done. *The New York Times*, February 24. Accessed September 16, 2011. http://www.nytimes.com/2008/02/24/us/24dig.html.

Great Public Spaces. 2009. Al-Azhar Park. Project for Public Spaces. Retrieved from http://www.pps.org/great_public_spaces/one?public_place_id=812&type_id=0.

Hoffmann, Michael. 2004. How to Get It: Diagrammatic Reasoning as a Tool of Knowledge Development and Its Pragmatic Dimensions. *Foundation of Science*, vol. 9, no. 3, pp. 285–305.

Holston, James. 2001. Urban Citizenship and Globalization. In Allen Scott (ed.), *Global City-Regions: Trends, Theory, Policy*. New York: Oxford University Press, pp. 325–348.

Inam, Aseem. 1993a. *Centre National D'Arts et de Culture George Pompidou: Process/Product*. Los Angeles: School of Urban and Regional Planning, University of Southern California.

Inam, Aseem. 1993b. *Centre National D'Arts et de Culture George Pompidou: Political Economic Analysis*. Los Angeles: School of Urban and Regional Planning, University of Southern California.

Kapp, Silke and Ana Paula Baltazar. 2009. The Paradox of Participation: A Case Study on Urban Planning in Favelas and a Plea for Autonomy. Paper, *Latin American Studies 58th International Conference: The Urban Divide in Latin America: Challenges and Strategies for Social Inclusion*, Gainesville, Florida, USA.

Kuhn, Thomas. 1962. *The Structure of Scientific Revolutions*. Chicago, IL: University of Chicago Press.

Lara, Fernando. 2011. Presentation. "Vila Viva Favela Redesign: Part 1." Associate Professor of Architecture, University of Texas, Austin. New York: Design and Urban Practice Colloquium Lecture Series, Parsons The New School for Design, November 2.

MassDOT Highway Division. 2011a. The Big Dig – Project Background. Boston, MA. Accessed January 28, 2011: www.massdot.state.ma.us/Highway/bigdig/projectbkg.aspx.

MassDOT Highway Division. 2011b. The Central Artery/Tunnel Project – The Big Dig. Boston: MA. Accessed January 28, 2011: www.massdot.state.ma.us/Highway/bigdig/bigdigmain.aspx.

Moragas, Miquel de. 2008. *The Cultural Olympiad of Barcelona in 1992: Good Points and Bad Points. Lessons for the Future*. Barcelona: Centre d'Estudis Olímpics UAB.

Moragas, Miquel de. 2010. *Communication, Cultural Identities and the Olympic Games: the Barcelona'92 Experience*. Barcelona: Centre d'Estudis Olímpics UAB.

Ockman, Joan, editor. 2000. *The Pragmatist Imagination: Thinking About Things in the Making*. New York: Princeton Architectural Press.

Pink, John. 1992. Nova Icaria: 1–4. *Architectural Review*, vol. 191, no. 1146, pp. 32–43.

Putnam, Hillary. 1994. Comments and Replies. In *Reading Putnam*, edited by Peter Clark and Bob Hale. Oxford: Blackwell, pp. 242–295.

Rashti, Cameron and Maher Stino. 2005. Converting a Derelict Site into and Urban Park. Al-Azhar Park, Cairo and the Revitalisation of Darb Al-Ahmar: Project Brief. Aga Khan Trust for Culture.

Reason, Peter. 2003. Pragmatist Philosophy and Action Research: Readings and Conversation with Richard Rorty. *Action Research*, vol. 1, no. 1, pp. 103–123.

Robinson, Jennifer. 2008. Crime and Regeneration in Urban Communities: The Case of the Big Dig in Boston, Massachusetts. *Built Environment*, vol. 34, no. 1, pp. 46–61.

Salama, Ashraf. 2008. Media Coverage and Users' Reactions: Al Azhar Park in the Midst of Criticism and Post Occupancy Evaluation. *METU JFA*, vol. 25, no. 1, pp. 105–125.

Schumacher, Patrik. 2009. Parametricism: A New Global Style of Architecture and Urban Design. *Architectural Design*, vol. 79, no. 4, pp. 14–23.

Scott Brown, Denise. 1990. *Urban Concepts*. London: Academy Group.

Soja, Ed. 2008. The Socio-Spatial Dialectic. Aunals of the Association of American Geographers, vol. 70, pp. 207–25.

Vance, James. 1986. *Capturing the Horizon: The Historical Geography of Transportation since the Transportation Revolution of the Sixteenth Century*. New York: Harper and Row.

Vom Hove, Tann, editor. 2012. The World's Largest Cities and Urban Areas in 2006 and 2020. London: City Mayors Foundation. Accessed January 4, 2013: www.citymayors.com/statistics/urban_intro.html.

Weber, Rachel. Forthcoming. *Why We Overbuild: Zombies, Vampires, and the Manic Logic of Capitalist Urban Development*. Chicago, IL: University of Chicago Press.

Welch, Adrian and Isabelle Lomholt. 2011. H3O Park + Sao Vicente Alleyway, Belo Horozonte. In *E-Architect*, November 24, 2011.

Accessed March 8, 2013: www.e-architect.co.uk/brazil/h30_park_favela_da_serra.htm.

Williams, Caroline. 2002. Transforming the Old: Cairo's New Medieval City. *The Middle East Journal*, vol. 56, no. 3, pp. 457–475.

Worsley, Giles. 2002. Nothing But a Pipe Dream. *The Daily Telegraph*, January 26, p. 1.